我的第一套物理启蒙书

（第四册）

［美］乔治·伽莫夫　著

肖蕾　译

民主与建设出版社

·北京·

第 9 章 生命之谜

一、我们由细胞组成

我们在上文中讨论的都是非生物的物质结构，但是大自然中还有一部分虽然数量相对较少，但是却十分重要的物质——生物，生物因为特殊的生命性质而与宇宙中其他物质有很大差异。那么，生物和非生物之间的重要区别到底在哪里呢？那些由分析非生物性质推导出的基本物理定律能够适用于理解生命现象吗？匹配度能有多少？

当提到生命，出现在我们脑海中的都是树、马或人这种庞大复杂的生命体。请注意，如果我们想要研究复杂的生命系统，选择从整体角度来考虑，是绝对不能实现的，这就像妄图通过观察汽车这种复杂机器的运动，推导研究组成汽车某一部件的无机物结构。

我们要意识到一辆行驶中的汽车包括成千上万个形状各异的部件，这些部件的原料、物理状态各不相同，比如钢制底盘、铜线、挡风玻璃是固体；散热器里的水、油箱里的汽油、汽缸里的机油都是液体；从汽化器进入气缸的混合物是气体。所以，想要分析汽车物质结构将要面临很大的挑战。如果想要分析汽车这种复杂物质，首先将它各部分按照物理性质相同、相对独立运行的标准进行划分。经过分析，我们知道汽车可以简单地分成钢、铜、铬等各种金属物质、各种玻璃物质和水、汽油等各种均质液体以及其他。

接下来，我们可以利用一些现有的物理研究方法展开研究，铜材料部件是由无数铜原子均匀规则排列而成的小晶体组成的；散热器中的水是由大量水分子组成，每个水分子拥有1个氧原子和2个氢原子；从汽化器进入气缸的混合物是气体，包括空气分子和汽油蒸汽分子，空气中的分子主要是氧分子和氢分子，汽油蒸汽分子由碳原子和氢原子组成。

同理，在研究复杂生物体时，比如人体，我们也同样需要先将人体分解成大脑、心脏和胃等不同的器官，然后再将器官分解成各种生物性质的均质材料，这些均质材料被统称为"组织"。

如果按照物质是组成机械装置的原材料的说法来描述，那么，各种类型的组织就是构成复杂生物体的材料。如果从工程学的角度来讲，通过研究组织力学、磁学、电学等性质，可以进而研究这些物质所构成的各种机器的功能。如果根据解剖学和生理学理论，可以通过研究构成生物体的不同组织的性质来分析生物体的机能。

所以，如果想要真正了解生命的秘密，仅仅靠观察这些组织是如何组成复杂的有机体是远远不够的，更要注意研究不同的原子构成组织，进而构成鲜活的有机体的原理。

　　虽然我们上面一直在用无机物类比有机物，但是如果因此就认为普通物理上的同类物质可以与生物上的同类组织相提并论，那就大错特错了。实际上，无论你选择皮肤、肌肉、大脑还是任意的组织，初步微观分析表明，组织中包含大量的单个小单位，整个组织的性质与这些小单位密不可分（如图 90 所示）。我们将这些组成生物的基本结构单位称为"细胞"，或者是"生物原子"，意味着这些单位不能够再被拆分了，因为只有存在至少一个单个细胞时，某种组织的生物学特性才能存在。

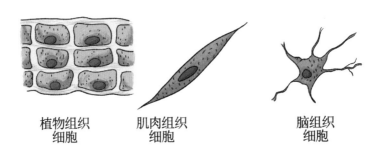

植物组织　　　肌肉组织　　　脑组织
　细胞　　　　　细胞　　　　　细胞

图 90　各种类型的细胞

如果我们将肌肉上切得只剩下半个细胞，那么肌肉组织就会失去其原有性质，无法完成肌肉收缩等运动。这个过程与只包含半个镁原子的镁丝就不再是镁金属相似，因为镁原子的原子序数为12，原子量为24，这意味着镁原子的原子核包含12个质子和12个中子，以及12个电子包围。如果将一个镁原子一分为二，那么每个新分子拥有6个核质子、6个核中子和6个外层电子——换句话说，就是两个碳原子。也就是一个镁原子变成了两个碳原子。

一般来说，形成组织的细胞体积非常小，平均直径只有百分之一毫米[1]。我们所熟悉的这些生物，无论是植物或动物，都是由大量单个细胞组成的。例如，一个成年的人体包括几百万亿个独立细胞！

当生物体较小时，体内包括的细胞就会比较少，家蝇或蚂蚁的细胞不超过数亿个。除此之外，自然界中还存在很多

---

[1] 也有大型的单个细胞，比如鸡蛋蛋黄，它也是一个细胞。这时候，虽然细胞很大，但是巨型的黄色物质只是为促进小鸡胚胎发育而储存的食物，细胞中有生命的重要部分仍然是很微小的。——作者注

单细胞生物，如变形虫、真菌（如那些引起"皮癣"感染的真菌）和各种细菌，在显微镜下，我们可以清晰地看到这些生物的单个细胞。生物学最令人激动的就是可以研究在复杂的生物体中执行其"社会职能"的细胞。

活细胞的结构和特性是我们研究了解生命的问题的基本与根源。

活细胞与其他普通无机材料或者被做成皮革鞋子、木头书桌的死细胞到底有什么不一样呢？它们的性质有何不同呢？

活细胞与其他死细胞相比，有一种特殊的性质能力：第一种能力是"进食"，活细胞可以从周围介质中吸收自身需要的物质；第二种能力是"生长"，将吸收到体内的物质进行转化，促进自身成长；第三种能力是"繁殖"，当体积过大时，自身进行分裂，形成两个相似且能单独存在的细胞。"进食""生长""繁殖"这些能力是细胞共有的，与该生物是单细胞生物还是多细胞生物无关。

批判主义读者可能会有不同的看法：普通无机物中也具有这三种特征。比如，向过饱和盐水溶液中继续加入盐晶体[①]，晶体表面就会长出一层层的盐分子，这些都是从水中提取出来的。我们可以想象一下，在一些机械作用下，比如盐晶体重量会越来越大，最终因无法承受重量而分裂成两半，由此形成的"子晶体"继续长大。这个过程是不是和生命生长很像，那么，我们能把这个现象也叫作"生命现象"吗？

想要回答这个问题或者其他类似问题，我们首先要弄明白一点：生命虽然很复杂，但从本质上来讲，它与普通的物理现象或者化学现象并没有什么区别，我们不应该妄想找到一条明显的界限来区分生命现象与非生命现象。同样，我们也无法为极大量独立分子组成的气体何时适用统计学规律提供一个具体的界限（具体内容见第 8 章）。实际上，我们知道房

[①] 向热水中加入大量盐，将盐水混合物降温至室温，此时的盐水溶液处于过饱和状态。水的溶解度随着温度的降低而降低，温度降低，会导致水中的盐分子数量超过可以溶解的数量。多余的盐分子不会立即析出，而是会在溶液中停留很长一段时间，但是，如果我们向溶液中加入一粒小盐晶体，就相当于提供了初始的推动力并作为一种组织剂，促使盐分子离开溶液。——作者注

间中的空气突然聚集到一起这种现象不会发生，或者说发生的可能性极小。另一方面，我们也知道，如果整个房间里只有两个、三个或四个分子，那么它们会经常聚集到一个角落。

那么，房间内空气发生聚集或者不聚集的数量界限在哪里呢？是一千个分子？一万个？还是一亿个呢？

同样，我们在研究基本生命的过程中，也无法在盐溶液结晶这种分子层面的现象与活细胞生长、分裂等现象之间划分出一道明显的界限，虽然看起来细胞问题要比析出盐晶体问题复杂很多，但本质上其实没什么区别。

不过，对于眼下这个例子，我们可以说晶体不断长大的现象并不是生命现象，因为盐晶体从溶液中吸收到的"食物"，进入身体并没有改变它的身体状态。从溶液中析出的盐分子只是单纯地附着在了晶体表面，这是一种简单的机械增减，而不是生物化学上的吸收现象。另外，在吸收后期，晶体可能因为重量过大发生断裂，这种分裂是由于重力的作用，分裂也是随机的，与在内力作用下原细胞分裂成两个基本一致细胞的细胞分裂没有任何相同之处。

　　接下来，讲述一个更类似于生物学过程的例子。假设在二氧化碳水溶液中加入一个酒精分子（C_2H_5OH），这个酒精分子开始自我分裂，将水分子和水中溶解的二氧化碳分子合成为酒精分子[1]。那么，只需要一个酒精分子我们就可以得到一杯酒精，如果把一滴威士忌加进一杯普通的苏打水里，整杯苏打水完全变成纯威士忌，那么我们就必须承认酒精是有生命的东西！

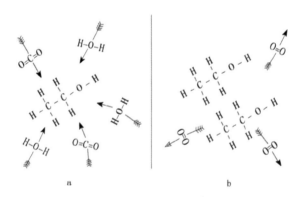

图 91　酒精分子利用水分子和二氧化碳分子组成酒精分子的示意图。如果这种酒精的"自身合成"真的存在，我们就必须承认酒精是有生命的物质。

----

[1]　假设反应的化学公式：

$3H_2O + 2CO_2 + [C_2H_5OH] \rightarrow 2[C_2H_5OH] + 3O_2$　——作者注

　　这个例子并不是胡言乱语，因为接下来我们会介绍一种复杂的化学物质——"病毒"。复杂的病毒分子（每个分子由几十万个原子构成）的确会从周围介质中吸收原材料，生成与自己结构相似的结构单位。这些病毒粒子既是普通的化学分子，也是活的有机体，因此它们正是"缺失的一环"，连接起生命与非生命的桥梁。

　　我们还是回到对普通细胞的生长和繁殖问题的研究上来。细胞虽然复杂，但还是比分子简单，所以它们才是最简单的生物体。

　　透过高倍显微镜，我们会发现细胞由半透明胶状物构成。这种物质称为原生质，结构复杂，四周围着一层墙壁。动物细胞周围包裹着的墙壁柔软而富有弹性，我们称之为细胞膜；植物的细胞四周的墙壁厚而重，也就是细胞壁，所以植物的身体不如动物身体灵活（如图90所示）。每个细胞的内部都有一个小球体，这就是细胞核，它是由精细的染色质组成的（如图92所示）。有一点需要强调，在正常情况下，构成细胞主体的原生质，不同部分的光透明度不同，所以，仅仅通过显微镜观察活细胞，无法观察到这些现象。为了观察到细胞质的光透明度差异，我们可以利用原生质的不同部分对染色物质不同的吸附能力，对原生质进行染色。在浅色背景下，形成细胞核网状结构的物质上色后特别容易观察[1]，所以原生质又叫"染色质"，在希腊语中的意思是"呈现颜色的物质"。

细胞核是由一组独立的粒子（如图 92b、c 所示）组成的，这些粒子通常以纤维状或棒状形式存在，称为"染色体"（意思是"呈现颜色的物体"）。当细胞准备分裂时，细胞核网状结构会进行充足的准备活动，使得网状结构和平时也有很大差别。参看照片 VA、VB。[2]

如果我们指定某一生物，那么它体内除了生殖细胞以外

---

[1] 原生质染色和用蜡烛在纸上写字利用的是同一原理。由于涂有蜡的地方，石墨无法沾染，所以如果用蜡笔写字，是无法显现的，只有用黑色铅笔在纸上涂黑，文字才会显示在涂黑的背景上。——作者注
[2] 为了观察方便，在进行染色时需要将细胞杀死，阻止其状态发生进一步变化。所以说，观察细胞分裂状态（如图 92 所示）是无法通过观察一个细胞完成的，而是需要将处于不同发展阶段的不同细胞染色（杀死），再进行观察。——作者注

的其他细胞所含有的染色体都相同。而且高度发达的生物体细胞中所含有的染色体，在数量上要多于不太发达的生物体。

还有一种黑腹果蝇，拉丁名字是 Drosophila melanogaster，这种果蝇体内细胞拥有 8 条染色体。它是生物学家们研究动物细胞的优选对象，对于人类了解生命基本奥秘起到了很重要的作用。除此之外，常用到的豌豆的细胞有 14 条染色体，玉米细胞有 20 条染色体。至于人类，人体细胞中有 46 条染色体，如果单纯从数字方面考虑，人类比苍蝇染色体优越六倍。如果上述结论是真的，那岂不是说明每个细胞拥有 200 条染色体的小龙虾要比人类高级四倍以上！

其实，各种生物细胞中的染色体有一个共同特征，那就是染色体的数量总是偶数；实际上，每个活细胞中（本章后面所讨论的例外）都拥有两套几乎相同的染色体（见照片 VA）：其中一套来自母亲，另一套来自父亲。每一套染色体上都携带着来自父亲和母亲的遗传性质，并伴随着染色体分裂一直传递下去。

　　染色体分裂是细胞分裂中最重要的环节。分裂前，每一条染色体顺着整个长度整齐地分裂成两根相同但稍薄的纤维，这时候细胞还是一个单独的整体，没有发生变化（如图92d 所示）。

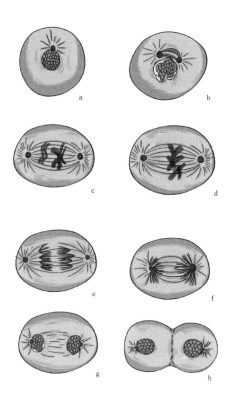

图 92　细胞分裂（有丝分裂）的各个阶段

　　染色体原本是纠缠在一起随意分布的，当细胞做分裂准备时，染色体就会整齐有序地排列在一起，原本位于细胞核外沿的两个"中心体"开始逐渐向细胞两端运动（如图92a、b、c所示）。在中心点和染色体之间，有细线连接着两者。当染色体分裂成两份之后，将会在细丝的牵引下分别朝两端的中心体运动（如图92e、f所示）。当两份染色体分别运动到细胞两端之后（如图92g所示），细胞膜会沿着中心线向中间塌陷（如图92h所示），细胞的两半部分分别长出一层薄壁，接着细胞的两半部分就会彻底分离，形成两个新细胞。

　　两个新细胞形成后，继续从外界吸取营养物质，长到一定程度之后，又会开始新一轮的分裂。

　　以上关于细胞分裂的过程描述，都是在现阶段科学发展水平下直接观察到的结果，也是现阶段能做到的科学解释的极限，至于细胞分裂过程中发生的物理化学作用力的本质，我们现在还不了解。细胞是一个完整的个体，组成十分复杂，现阶段无法进行直接的物理分析。而了解染色体性质相比了解细胞，要简单很多，这也是我们在分析细胞之前必须了解的。我们将在下一节研究染色体。

　　首先，我们思考一下，生物是一个由大量细胞组成的复杂系统，在这个过程中，细胞分裂是如何承担起生殖任务的呢？想明白这个问题，下面的内容就好理解了。在这里，我们就要提到那个经典的问题，世界上是先有鸡还是先有蛋？事实上，这是一个无限循环的过程，从这个方面来看，到底是鸡生蛋还是蛋生鸡，就显得不那么重要了。

　　我们假设最先出现的是蛋，当鸡从蛋中孵化出来的这一刻，鸡体内的细胞正在进行着细胞分裂，所以它才可以不断长大发育。一个成熟动物的体内包含许多个细胞，这些细胞全部是由受精卵细胞连续分裂形成的。一开始，我们肯定会认为要发生很多次细胞分裂才能长成成熟的鸡。但事实并不是这样，和我们在第 1 章中讨论麦粒和金片的问题一样（西萨·班·达伊尔向国王按照几何级数的算法讨要 64 堆麦粒和重置世界末日问题），少量的细胞进行连续细胞分裂，就可以分裂出人量细胞。我们已知细胞每分裂一次，细胞的数量就会发生翻倍（因为每次分裂，一个细胞就会变成两个），如果用 x 表示长成一个成年人所需的连续细胞分裂的次数，那么受精卵成长为成年人，细胞需要分裂的总次数为：

$$2^x=10^{14}$$

解得：x=47。

于是我们得知，成年人体内的每个细胞都是原始卵细胞进行 50 次分裂得到的[①]。

在年轻动物体内，细胞分裂的速度非常快，等到动物成年之后，细胞的分裂状态就会减慢，基本处于"休眠状态"，在身体需要得到"修补"等情况下，再进行分裂。

接下来，我们认识一种特殊而重要的细胞分裂，这种细胞分裂会产生"配子"或者说"联合细胞"，它是动物繁衍后代的关键所在。

---

① 如果把这个计算的结果和第 7 章中有关原子弹爆炸的计算放在一起对比，我们会发现很有趣的现象。1 千克铀原料（共 $2×5×10^{24}$ 个原子）中每个铀核发生裂变所需的原子连续分裂次数也可以利用上述公式进行计算：$2^x=2×5×10^{24}$，解得 x=61。

　　在两性生物发育的早期阶段，很多细胞被"保留"在生殖器官中，留作将来进行繁殖活动的种子。这些特殊细胞在生物体的生长过程中，进行的分裂次数要比其他普通细胞少。所以当需要繁殖后代时，它们依然具有很强的活跃力。另外，生殖细胞的分裂方式要比普通细胞分裂简单得多。分裂时，生殖细胞的染色体只需要简单地分成两部分（如图93a、b、c所示），而不需要进行复制，这时候每个分裂成的新细胞只有正常细胞一半的染色体。

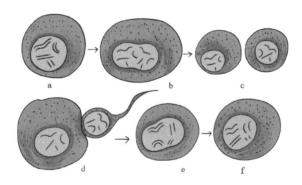

　　图93　配子的形成（a，b，c）和卵细胞的受精（d，e，f）。在第一个过程（减数分裂）中，生殖细胞的染色体没有进行复制，直接分成了两个"半细胞"。在第二个过程（配子配合）中，雄性的精子细胞进入雌性的卵细胞，两个只有一半染色体的细胞融合，两对染色体配对。细胞融合形成具有正常条数染色体的受精卵，开始准备正常分裂，如前面图92所示。

　　生殖细胞进行的一半染色体分裂称为"减数分裂"，普通细胞进行的染色体复制再分裂称为"有丝分裂"。生殖细胞通过"减数分裂"形成"精子细胞"和"卵细胞"，或称为"雄性配子"和"雌性配子"。

　　认真阅读的读者可能会有疑问：既然原始生殖细胞分裂成了两个相同的子细胞，那么细胞的雄性或雌性特征是由什么决定的呢？前面还提到过染色体在体内都是成对存在的，而且成对的两条染色体是完全相同的。事实上，雌性体内的细胞染色体的确是这样的，但是雄性体内却有一对特殊的染色体，这些特殊的染色体称为性染色体，在生物学上人们以 X 和 Y 两个符号进行区分。雌性体内的细胞总是拥有两条 X 染色体，而雄性则有一条 X 染色体和一条 Y 染色体[①]。其中 Y 染色体和 X 染色体的差异就是两性差异的来源（如图 94 所示）。

---

① 这是人类等哺乳动物的染色体情况；鸟类的染色体情况恰好与哺乳动物相反，公鸡有两条相同的性染色体，而母鸡的两条染色体不同。

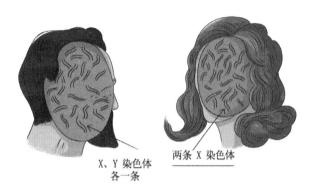

X、Y 染色体
各一条

两条 X 染色体

图 94 男人和女人之间的"面值"差异。男女体内的细胞都含有 23 对染色体，只不过在女性体内细胞中，成对的两条染色体完全相同，在男性体内细胞中，22 对染色体两两相同，一对染色体有一条是 X 染色体，另一条是 Y 染色体。

　　由于生殖细胞在减数分裂时，染色体会直接分成两部分，雌性生殖细胞分成的每个半细胞（配子）都会得到一条 X 染色体。而雄性细胞分裂成的两个配子中，一个配子拥有 X 染色体，另一个拥有 Y 染色体。

　　在受精过程中，当雄性配子（精子细胞）与雌性配子（卵细胞）发生结合时，如果是两条含有 X 染色体的细胞结合，就会生出女孩，如果是一个含有 X 染色体和一个含有 Y 染色体的细胞结合，就会生出男孩。

在下一节的内容中，我们会继续研究生殖过程。

我们将男性精子细胞与女性卵细胞的结合称为"配子配合"，结合形成一个完整的受精卵细胞。受精卵通过进行"有丝分裂"一分为二，如图92所示。新形成的两个细胞经过短暂的成长又会发生新的分裂；新生成的四个细胞又会完成相同的过程，循环往复。在生成新细胞的过程中，每个子细胞都精准复制了受精卵的信息，包括一半来自母亲的染色体和一半来自父亲的染色体。图95展示的就是受精卵从形成到发育为成熟个体的过程。图95中 a 部分展示的是精子进入卵细胞的过程。

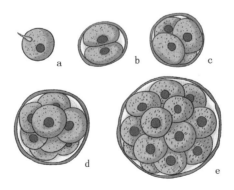

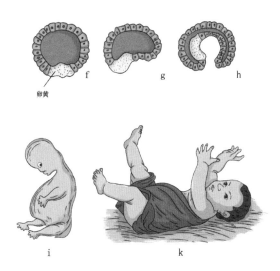

卵黄

图 95 从卵细胞到人

雌雄配子结合成新细胞，新细胞成长分裂，先是一分为二，然后分裂成 4 个，8 个，16 个……（如图 95 b、c、d、e 所示）。为了从周围环境中吸收营养，独立细胞积累到一定数量后就会排列成囊状。这个过程导致生命体看起来像一个中空的小气泡，我们把这个称为"囊胚"（f）阶段。再过一段时间，囊胚的空腔壁开始向内凹陷（g），这时生物体进入"原肠胚"阶段（h）。这时候，生物体看起来就像一个带开口的小袋，开口既是新鲜食物的入口，也是食物残渣的排出口。像珊瑚虫这种简单的动物，终其一生也只能停留在这个状态。而对于高级物种来说，会继续发生生长和变形。一些细胞会发育成骨骼，另一些发育成消化系统、呼吸系统和神经系统。经历了胚胎的各个阶段后（i），生物体就发育成了具有鲜明物种特征的幼体（k）。

我们在前面提到过，生物中的一些细胞在发育早期就会被保存起来，将来用于繁殖。等到生物发育成熟，这些细胞会通过减数分裂形成配子，配子结合形成完整细胞，开始新的分裂，生命就是这样生生不息地延续下去的。

二、遗传和基因

新生物是由父母的配子结合发育而来的，所以他们会遗传父亲或母亲的某些特征，长成与父母或祖父母（外祖父母）一致却不完全一样的新生命，这就是生殖繁衍的最显著特征。

　　因此，我们可以肯定，一只爱尔兰猎犬的幼崽会长出四条腿、一条长尾巴、两只耳朵和两只眼睛，它绝对不会长得像大象或者像兔子，也不会停留在和兔子一样大小，更不会长成大象那样庞大。我们还可以根据它父亲、母亲或者祖先的特点，推断出它会长着一对柔软下坠的耳朵，金棕色的长毛，甚至可以猜想它很喜欢打猎，当然它也会拥有属于自己的小特征。

> 爱尔兰猎犬：原产爱尔兰，是爱尔兰的国犬，也是世界上最高的犬。由于体型大，活动空间大，更适合野外生活，是优秀的守门犬。

　　那么，配子是如何将这些构成优良爱尔兰猎犬的特征保留下来并遗传给后代的呢？

　　事实上，一切都是按照我们上文分析的配子结合发展的。物种的主要特征都保存在生物的染色体中，父母双方在产生配子时，会各自保留一半染色体，配子结合而成的受精卵生长发育成新个体。父母双方的染色体上都会保留物种的主要特征，新生物会在染色体的支配下，表现出物种特征，而某一物种不同个体之间的差异，可能是因为该特征只来自父母中的一方。所以，经过很长一段时期，在物种繁衍的过程中，很多生物的大部分基本性质可能发生变化（比如生物进化），只不过在有限的时间内，人们很难发现那些细小次要特征的变化。

遗传学的主要研究内容就是生物特征与遗传变化。尽管这门学科还处于发展的初级阶段，但是我们已经从中了解了很多生命的秘密，甚至还有一些激动人心的故事。比如，我们已经了解到，遗传规律与其他的生物现象不同，它具有近乎数学规律一样的简单性，这表明我们正在研究的是生命的基本现象之一。

接下来，我们将以一种已知的人类视力缺陷——色盲为例进行说明。我们都知道色盲最常见的病症是无法区分红色和绿色。想要了解色盲的原因，我们需要先了解清楚视网膜的复杂结构和性质，以及由不同波长的光引起的光化学反应等等，知道这些，我们才能明白我们为什么能区分颜色。

现在，我们就一起研究一下色盲的遗传因素。如果突然提出这个问题，我们会觉得回答这个问题太复杂了，但其实原因很简单。根据已知事实可知：①患色盲男性在人数上比患色盲的女性多得多；②如果父亲患色盲，母亲视力正常，那么生育的孩子视力正常；③如果父亲视力正常，母亲患色盲，那么生出的儿子患色盲，女儿视力正常。显而易见，色盲的遗传与性别有关。我们先假设色盲是由染色体缺陷引起的，而且会因为染色体的传递，导致色盲特征遗传，那么将已知的事实与逻辑推理结合起来，我们可以进一步假设：造成色盲特征的染色体缺陷存在于 X 染色体上。

在假设的基础上思考这个问题，思路一下子就变得清晰了。我们前面已经分析过，女性体内细胞有两条 X 染色体，男性体内细胞有一条 X 染色体和一条 Y 染色体。如果某一条 X 染色体上有色盲缺陷特征，那么男性将表现出色盲，而女性由于有两条 X 染色体，假如一条 X 染色体有缺陷，还有另一条 X 染色体可以继续感知色彩，只有两条 X 染色体全部存在缺陷时，女性才会表现为色盲。假设 X 染色体出现色盲缺陷的概率是千分之一，那么一千名男性中就会有一名色盲。而女性表现出色盲的概率可以根据第八章推导得出的概率乘法定理（见第八章）进行计算：$\frac{1}{1000} \times \frac{1}{1000} = \frac{1}{1000000}$。这意味着每一百万名女性中可能出现一名色盲患者。

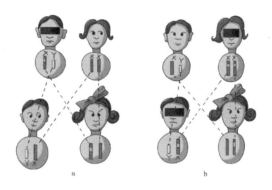

图 96　色盲的遗传

我们继续分析父母色盲情况对后代的影响。

假设父亲患色盲，母亲视力正常（如图 96a 所示）。来自母亲的配子全部含有 X 染色体，来自父亲的配子可能包含 Y 染色体或 X 染色体，如果 X 染色体与 Y 染色体结合，后代表现为男性，假设他从母亲那里得到的 X 染色体无色盲缺陷，那么儿子视力正常，如果 X 染色体与 X 染色体结合，后代表现为女性，假设她从母亲那里得到的 X 染色体无色盲缺陷，就算父亲的 X 染色体有缺陷，她也能继续感知颜色，只不过她的后代可能表现为色盲。

假设父亲视力正常而母亲患色盲（如图 96b 所示），意味着母亲产生的两个配子 X 染色体全部存在色盲缺陷。如果后代是男性，那么他们体内细胞唯一的 X 染色体来自母亲，肯定表现为色盲。后代如果是女性，她们除了从母亲那里得到的缺陷 X 染色体，还拥有一条从父亲那里得到正常 X 染色体，所以不会是色盲，但是她们的儿子会是色盲，原因已经在上一段分析过了。这是不是很简单！

当一对染色体同时有问题才会表现出来的遗传特征被称为"隐性遗传"，比如色盲。这种遗传特征可能隐藏起来，很可能由祖父母传给孙子孙女，甚至导致一些极端的情况，比如我们猜想两只外表迷人的德国牧羊犬生下来的孩子肯定会很好看，但偶尔也会生出一只完全不像德国牧羊犬的小狗。

> 德国牧羊犬：又名德国黑背，作为牧羊犬使用。由于行动敏捷，第一次世界大战期间被德军募集，作为军犬随军。

　　既然有"隐性"特征，必然有"显性"特征，"显性"意味着在两条染色体中，只要有一条存在缺陷，就会表现出相应特征。在这里，我们不引用遗传学的真实例子，采用一种假设说明的方法，我们假设有一种怪兔子出生时会长出米老鼠似的耳朵。如果"米奇耳朵"是遗传的显性特征，那意味着一只兔子只要有一条染色体发生变化，就会长出丢脸的圆耳朵。如果这种怪兔子和子孙后代都与正常兔子交配，那么后代兔子们会出现图97中的几种情况。图中染色体上的黑斑代表变化的地方。

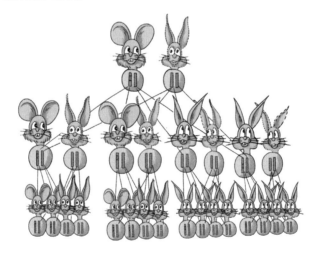

图 97

我们上面分析了隐性和显性的遗传特征，接下来介绍一种"中性"特征。假设我们的花园里的草茉莉会开出红花和白花。草茉莉开花的时候，花粉（植物的精子细胞）会在风或者昆虫的帮助下，落到雌蕊上，和位于雌蕊底部的胚珠（植物卵细胞）结合并发育成种子。假如红花花粉落到红花的雌蕊上，它们结合成的种子将来会开出红花。假如白花花粉落到白花的雌蕊上，它们结合成的种子将来会开出白花。但是，如果不同颜色花的花粉与花蕊结合，下一代就会开出粉红色的花。不过，这种粉红色的特征在生物学上并不稳定，因为将粉色花与粉色花结合，下一代出现粉红花的比例只有50％，还有25％的花是红色的，25％的花是白色的。

要解释这种情况，我们只要假设植物细胞中的一条染色体带有两个决定花色的信息，如果想要开出纯色的花，那么两条染色体携带的信息需要一致。如果一条染色体携带红色信息，一条染色体携带白色信息，两条染色体的信息分歧会导致植物开出粉红色的花朵。图98展示的是"颜色染色体"在后代中的分布以及比例关系。假设红花与粉红色花结合，按照图98的逻辑绘制后代分布图，我们会发现后代中，粉色花和白花各占 50％，而不会出现红花。这就是一个世纪以前，格雷戈尔·孟德尔^①在布吕恩附近的修道院种植豌豆时发现的遗传规律。

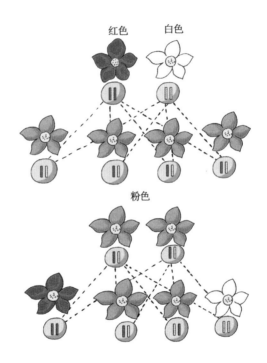

图 98

---

① 格雷戈尔·孟德尔（Gregor Johann Mendel，1822—1884 年），奥地利帝国生物学家，遗传学的奠基人，现代遗传学之父。——译者注

现在，我们已经了解了染色体与特性之间的遗传关系。不过生物的特征多种多样，但是染色体的数量有限，比如苍蝇的细胞有 8 条，人的细胞有 46 条，所以得出结论：每条染色体上携带着多种控制生物性状的遗传信息。果蝇的染色体特别大，可以直接通过显微摄影的方法来研究它们的结构。照片 VA 展示的是果蝇的唾液腺染色体，你很容易认为染色体上密密麻麻分布的黑色条纹携带特征信息，这些条纹有的控制身体颜色，有的控制翅膀的形状，有的控制果蝇长出六条四分之一英寸长的腿，总之它们可以让这个生物长成果蝇的样子，而不是蜈蚣或鸡。

的确，遗传学验证了我们的这些猜想。人们不仅证明了染色体上携带着可以控制生物特性的微小结构单元 "基因"，而且能分析出某些段落基因所控制的具体遗传信息。

不过，即使使用最先进的显微镜，我们也无法观察到基因的差异，因为它们不同的功能深深隐藏在分子结构内部。

所以，如果想要弄清每段基因信息，我们只能通过研究特定生物的特性在后代中的遗传分布。

我们已经知道新生命的染色体有一半来自父亲，一半来自母亲。而父母的染色体又分别来自他们各自的父母，所以我们可以说孙辈的染色体一半来自祖父母中的一人，另一半来自外祖父母中的一人。但是有些情况下，孙辈个体可能同时表现出祖父母和外祖父母四人的特征。

难道说染色体遗传规律存在错误？并不是，只是其中有需要修正的地方。在生殖细胞进行减数分裂之前，细胞中成对的染色体经常缠绕在一起，导致部分染色体发生交换（如图 99a 和 b 所示），这导致来自父母的基因发生混合，也就是会导致来自父母的遗传特征发生混合。还有可能是因为染色体缠绕成环，再重新打开，导致基因混乱，如图 99c、照片 VB 所示。

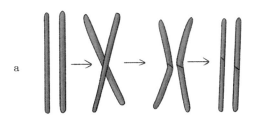

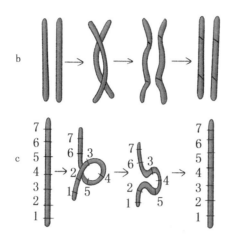

图 99

　　显而易见，相隔很远的基因会因为染色体的变换相互交换位置，那些相邻的基因受到的影响反而很小。就像切牌会导致上半部分的牌和下半部分的牌位置发生变化，甚至导致原本位于最上面的牌和最下面的牌挨到一起，而相邻的两张牌却不会被分开。

　　所以，当染色体发生互换之后，两个确定的遗传特性仍然一起出现，我们就可以推断控制相应性状的基因一定是染色体上的邻居，而经常分开的遗传特性对应的基因相隔较远。

　　美国遗传学家摩尔根[1]和他的学派就是依据这样的思路，分析获得了果蝇染色体上的基因序列。图 100 展示了不同性状的基因在 4 条染色体上的分布情况。

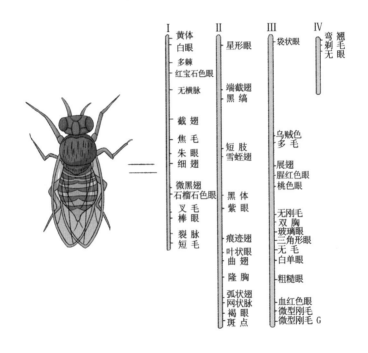

图 100

---

① 托马斯·亨特·摩尔根（Thomas Hunt Morgan，1866—1945 年），进化生物学家，遗传学家和胚胎学家，现代实验生物学奠基人。——译者注

图 100 是果蝇基因分布，我们当然也可以绘制包括人类在内的更复杂的动物基因图谱，但是这需要更加细致深入的研究。

三、基因是"活的分子"

将复杂的有机生命体进行一步一步的分解、分析，我们貌似已经找到了生命的基本单位。事实上，我们已经研究发现，生命体从出生发育到几乎所有特征都是由细胞内部的遗传信息——基因决定的。换句话说，每一种生物的生长发育都有一个模板，那就是它们的基因。为了方便理解，我们进行一个简单的类比，基因与生物体之间的关系，其实就类似于原子核与大块无机物之间的关系。从这个角度来说，某一种物质的物理和化学性质都是由原子核决定，而原子核的基本性质又由它周围的电荷数来体现。因此，我们可知带有 6 个基本电量单位的原子核外层有 6 个电子，具有这种性质的原子倾向于以正六边形的方式来排列，形成的晶体具有超高硬度和高折射率，我们通常将这种物质称为"金刚石"。与此相同，蓝色硫酸铜软晶体由带有 29 个、16 个和 8 个电荷的原子核产生紧靠在一起的原子组成。当然，生物体要复杂得多，晶体的复杂程度连最简单的生物都赶不上。因此，我们可以发现一个现象，宏观物质的表现都依靠微观中心物质的组织活动。

那么，那些能够决定从玫瑰香味到大象鼻子形状等不同生物、不同特征的组织中心到底有多大呢？这个问题很容易回答，只需将正常染色体的体积除以其中包含的基因数量即可。经过在显微镜下的观察，我们已经得知一条染色体的平均厚度约为千分之一毫米，那么经过计算可以得到它的体积为 10^{-14} 立方厘米。育种实验表明，一条染色体可以决定几千种不同的遗传特性，果蝇（黑腹果蝇）的染色体非常大，上面有浅黑条纹（可能是单个基因），可以直接数条纹个数得到基因个数[1]（如照片 V 所示）。为了计算基因的大小，我们用染色体的总体积除以单个基因的数量，得到结果：每个基因的体积不大于 10^{-17} 立方厘米。每个原子的平均体积约为 10^{-23}

---

[1] 一般的染色体都非常小，所以很难在显微镜下直接观察到。——作者注

立方厘米 $[\approx (2 \times 10^{-8})^3]$，与基因大小相比较，我们可以得出：每个单独的基因必定包含 100 万个左右的原子。

除了大小，我们还可以计算基因的总重量。以人体为例，一个成年人体内大约包含 10^{14} 个细胞，每个细胞拥有 46 条染色体，计算得到人体内的染色体大约有 $10^{14} \times 46 \times 10^{-14}$ $\approx$ 50 立方厘米，重量不到两盎司[①]（生物体的密度与水的密度相似）。这样看起来"组织物质"的重量轻到可以忽略不计，而正是这一部分物质，控制外部复杂的机体发育成长，构建出比自身重几千倍的外衣，并控制它们的特征和动作。

那么，基因的本质又是什么呢？可以把它当作更细小但是完整复杂的生物吗？肯定不可以。基因是生物体最小的单位。或者说，我们可以肯定生命物质与非生命物质的区别，就在于前者拥有基因，这一点是完全可以肯定的。在另一方面，这些也会受到一些遵循一般化学定律的复杂分子的影响，如蛋白质等。

---

① 盎司，是国际上通用的黄金计量单位。1 盎司约相当于我国旧度量衡（16 两为 1 斤）的 1 两。——译者注

　　如此看来，基因就是有机物和无机物之间缺失的环节，这也是我们在本章开头提到的"活分子"。

　　的确，基因可以稳定地存在，保证自身携带的物种特征可以稳定准确地一直传递下去；另一方面，由于构成基因的单个原子数量相对较小，所以我们可以确定基因是一个设计严密的机构，基因中的原子或原子团会按照预定的位置稳定有序地排列。不同生物、相同生物之间都有不同特征，这都是因为基因的差异。所以我们可以推测出，基因结构中原子分布的差异，导致生物表现出不同的特征。

　　以炸药 TNT（三硝基甲苯，无色或淡黄色晶体，无臭，有吸湿性，熔点为 354 K[80.9°C]，带有爆炸性，是常用炸药成分之一。该品为比较安全的炸药，能受撞击和摩擦，但任何量的突然受热都能引起爆炸，在过去的两场世界大战中发挥了重要作用）分子为例。TNT 分子含有 7 个碳原子、5 个氢原子、3 个氮原子和 6 个氧原子，有以下三种排列方式：

三种排列的不同，体现在 原子团在碳环上连接的位置不同，所以这三种物质分别称为 αTNT、βTNT 和 γTNT。三种物质都可以在化学实验室中合成。虽然三种结构组成的物质都是炸药，但是它们的密度、溶解度、熔点、爆炸力等有很大不同。在化学的标准方法帮助下，将分子内一个连接点上的 原子团转移到另一个连接点上，是一件很简单的事情，这样 TNT 分子就从一种结构转变成了另一种结构。这种由于个别原子或原子团位置不同产生的分子变体有很多，而且分子越大，变体就越多，我们将这些分子称为同分异构体。

如果我们将基因视为包含 100 万个原子组成的巨大分子，那么由于原子团位置不同产生的新分子就会有非常非常多。

　　如果我们把基因视作一条长链，那么链子的组成元素是周期性重复的原子团，偶尔出现的吊坠是依附在上面的原子团；事实上，我们现在已经可以精确地绘制出那串手链的结构图，这一切都要依靠生物化学最新的研究进展。基因又称为核糖核酸，包括碳、氮、磷、氧和氢原子。图 101 中所展示的是遗传手链的简图，虽然画得比较简单（省略了氮和氢原子），但是主要信息已经给出，这是决定新生儿眼睛颜色手链的一部分。根据四个吊坠，我们可以得知婴儿有一双灰色的眼睛。

　　如果改变吊坠或者吊坠位置，我们都可以得到不同的手链。

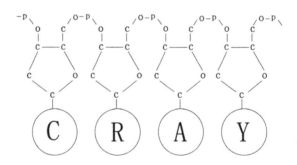

图 101　决定眼睛颜色"基因手链"的部分简图

假如一个手镯上有 10 个不同吊坠,那么,吊坠的分布方式有 3,628,800 种($1 \times 2 \times 3 \times 4 \times 5 \times 6 \times 7 \times 8 \times 9 \times 10=$ 3,628,800)。

当吊坠的内容相同,那么就会出现相同的排列方式,排列组合的数量就会减少。因此,当 10 个吊坠,两两相同,也就是 5 类,那么排列方式有 113,400 种。吊坠种类越多,排列方式越多,而且增加速度会很快,当吊坠种类增加到 5 种,个数增加为 25 个,那么就会出现 62,330,000,000,000 种不同的排列方式!

因此,我们可以得出结论,如果单纯通过考虑吊坠的排列方式,得到的长链样式不仅可以解释现有已知生物的基因排列,还可以创造出无数种从未发现的生物。

不同形式的吊坠分布在丝状的基因分子上,说到这里,我们要说明一个非常重要的观点:吊坠在基因上的位置可能自主发生变化,这种变化可能导致生物体的宏观特征变化。变化通常是由于分子的热运动引起的,基因分子在热运动的作用下晃得东倒西歪。随着温度的升高，分子的振动越来越剧烈，最终被撕裂成碎片，这一过程就是第八章讲到的热分离。当温度较低时，分子会保持完整状态，发生改变的只是分子的内部结构。比如温度较低时，分子发生扭动，可能导致长链上某一位置的吊坠从原位置跑到一个新位置上。

这种"同分异构转换"[①]现象在普通化学领域的简单分子中经常出现。和其他化学反应一样，这种化学变化也符合化学动力学的基本定律：温度每升高 10 摄氏度，化学反应的速度就会增加 1 倍。

基因分子的结构十分复杂，在未来很长一段时间内，有机化学家们可能都无法将它分析透彻。到目前为止，我们还没有有效的手段来证明基因分子发生了同分异构变化。但是从某个角度来说，研究基因分子的变化可比化学分析省事多了。如果在雄性或雌性产生的配子中，某一个基因发生了同分异构变化，结合形成的新生物会在生长发育的过程中，不

① 上文提到"同分异构"是指同一种分子中，原子以不同方式进行排列。——作者注

断复制这一基因，进而形成一种新的显著的生物特征。

其实，遗传学研究中最显著的一项成果是发现了"突变"，这是导致遗传性状出现跳跃性变化的根本原因，一般来自生物体的自发性变化。"突变"最早在 1902 年被荷兰生物学家德弗里斯发现。[①]

我们通过果蝇（黑腹果蝇）的繁殖实验观察一下这种生物现象。如果我们在花园随便捕捉一只野生果蝇，我们会发现它的身体呈现灰色，有一对长翅膀，这也是野生果蝇的基本特征。但是，如果我们将果蝇搬进实验室进行繁殖，在一代一代的繁殖中，我们偶尔会发现有一只"畸形"的果蝇，翅膀异常短，而且身躯呈现黑色（如图 102 所示）。

[①] 德弗里斯（Hugo Marie de Vrier，1848—1935 年），荷兰植物学家和遗传学家，是孟德尔定律的三个重新发现者之一。——译者注

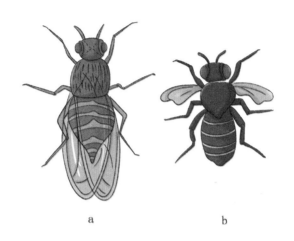

a　　　　　　　　b

图 102　果蝇的自发突变

a. 普通型：灰色身躯，长翅。

b. 突变型：黑色身躯，短（退化）翅。

　　请注意，除了这只特殊的"畸形"果蝇（身体几乎全黑，翅膀极短）之外，你可能发现这群果蝇之中完全没有其他的翅膀或者颜色与祖先不同的果蝇。也就是说，果蝇之中并不存在处于"正常"的祖先和极端突变之间的过渡果蝇。一般来说，新一代的果蝇之中（可能有好几百只），身体颜色基本没有差别，翅膀长度也差不多，只会偶尔出现一个或几个特例。要么完全不变，要么变化巨大，也就是突变。类似的例子还有数百个。所以说，色盲不一定是遗传造成的，很可能是出现了突变，比如视力完全正常家庭的后代中，可能会出现一个患有色盲的宝宝。人类的"色盲"与果蝇短翅一样，遵循"全有或全无"的原则；色盲是指某人可以分辨颜色，或完全无法分辨颜色，而不是指分辨某种颜色的能力强一点或者弱一点。

查尔斯·达尔文提出：新生代的性状变化和物竞天择适者生存的定律推动物种不断演化。[1] 正是由于这个原因，几十亿年前统治自然界的简单软体动物才发展成现在这种能看懂深奥书籍的高智慧生物，比如我们现在能够阅读这本书。

根据上面介绍的"同分异构"角度来考虑，基因分子也会发生"同分异构"变化，所以发生遗传的跳跃式变化很正常。如果决定生物性质的吊坠位置发生变化，它只能是从一

---

[1] 达尔文推论物种的变化是由小变化不断积累而来的。但突变证明：物种进化是不连续的跳跃式变化引起的，这是突变对达尔文进化论的修正。——作者注

个位置移动到另一个位置，不可能只变化一半，所以生物的特征发生了不连续变化。

物种生存的环境温度越高，生物特性变化速率越快，这一现象有力证明了"突变"的实质是基因分子的"同分异构"变化的观点。事实上，梯莫菲也夫和齐默尔通过开展温度对突变速率的影响的实验证明了，在排除其他因素后突变速度与其他分子反应相同的基本物理化学定律，那就是温度越高，速度越快。马克斯·德尔布吕克（德裔美籍生物学家，是1969年的诺贝尔生理学或医学奖的获得者之一，原本是理论物理学家，后来转而研究实验遗传学）以此为依据，提出了一个划时代的观点：生物的突变的生物现象源自分子内"同分异构"变化，这是一个纯粹的物理化学过程。

有很多物理证据可以支撑基因理论，其中特别重要的是通过 X 射线和其他辐射产生的突变研究，不过，通过我们上文的解释，足以让读者信服：目前的科学研究正在跨越为神秘的生命现象寻找物理解释的门槛。

讲到这里，我们不得不提到一种特殊的生物学单位：病毒。病毒似乎是一种游离在细胞之外的自由基因。直到不久前，科学家们还认为细菌是生命存在的最简单形式；而一些动植物疾病就是由于这些单细胞生物在动植物体内生长、繁殖引起的。研究表明，有一种长约3微米（μ）[①]、粗约1/2微米（μ）的细长细菌会引起伤寒症；一种直径约2微米的球形细菌会引起猩红热。当然，也有一些引起疾病的细菌无法在显微镜下观察到，比如引起人类流感或引起烟草植物花叶病的细菌。虽然无法直接观察到，但我们已经确定这些没有特殊细菌的疾病可以由患者传染给健康生命体，这种传染方式与一般的细菌疾病传染方式相同，而且这种疾病会在被感染者体内迅速蔓延，所以人们假设引起这种疾病的生命体是一种特殊的物质，并将它命名为"病毒"。

> 花叶病：世界性病毒病害。发病初期，叶片上出现褪绿角状病斑，最后变为褐色。严重时叶片变形、黄化，植株矮小，花穗短，花小花少，甚至不能抽出花穗。

---

① 1微米是1毫米的千分之一，约等于 0.0001 厘米。——作者注

最近，随着超显微技术（使用紫外线）的发展，特别是采用电子束的电子显微镜的发明，使得微生物学家们第一次真正看到了这个在普通光学显微镜下无法被观察到的病毒结构。

通过观察，人们发现病毒其实是各种各样的独立微粒，同种病毒尺寸完全相同，而且病毒颗粒要比细菌小得多（如图 103 所示）。比如说，病毒颗粒是直径 0.1μ 的小球体，烟草花叶病毒是长 0.280μ、粗 0.15μ 的细长棒状粒子。

烟草花叶病毒颗粒可以参考照片Ⅵ，这是科学家们在电子显微镜下直接观察得到的，这也是现阶段已知的最小生命单位。因为原子的直径大约是 0.0003μ，所以烟草花叶病毒粒子宽度大约是 50 个原子，长度大约是 1000 个原子，也就是说每个病毒包含的原子数最多不到几百万[1]！

---

[1] 有些病毒是由分子链盘绕而成的（如图 103 所示），内部中空，所以每个病毒粒子包含的原子数可能更少。如果烟草花叶病毒真的是图 103 所示的螺旋状，那么原子只分布在圆柱体表面，那么一个病毒可能只含有几十万个原子，当然，基因分子的情况可能类似。——作者注

这个数据让我们联想到单个基因的原子数，因为这两个数值很接近，这意味着：病毒粒子很可能就是"自由基因"，它们不需要依靠染色体，也不受细胞原生质的约束。

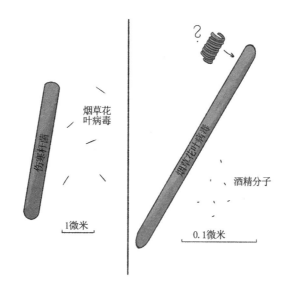

图 103　细菌、病毒和分子之间的比较

其实，病毒粒子繁殖的过程中也会发生染色体的倍增，这个过程和细胞分裂相同：它们的整个身体沿着轴线方向分裂，分裂成两个与原病毒一样的新病毒粒子。病毒的繁殖过程与我们在图 91 中想象的酒精分子将水分子转化成酒精分子的过程一样。病毒粒子中的原子团从周围环境中吸引与自身组成相似的原子团，将吸引来的原子团按照原分子结构进行排列形成新分子，等到排列完成后，已经成熟的新分子就会脱离开来。在这个过程中，分子并没有生长，只是将"食物"按照原生物的排列方式拼凑成了新生物。我们举个例子帮助理解：孩子在生长的过程中会依附于母亲，但是成年后就会离开母亲，自己生活（作者虽然很想将这个画面画出来，但他绝对不会做出这种事）。这样的增殖过程需要条件足够理想的外界环境；细菌可以为自身提供需要的原生质，但是病毒需要依靠其他生物的原生质，所以增殖条件相对更挑剔。

病毒还有一个共同特征：突变，而且突变结果也会遵循遗传法则传给后代。目前为止，科学家们已经能区分同一种病毒的几种遗传毒株，进而追踪它们的后代发展。当流感蔓延的时候，我们可以确定地说，这是一种出现突变的新型病毒，我们人类的机体还没有对这种新出现的病毒特质产生相应的抵抗力。

通过前几页的讲述，我们可以肯定：病毒粒子也是活的个体，而且这些粒子遵循所有物理和化学定律法则。其实，在对病毒进行纯化学研究时得到：病毒是一种化合物，我们可以采用研究其他复杂有机物（非生命体）的方式对病毒展开研究，这些微粒也能参加各种各样的置换反应。我们相信生物化学家肯定能够写出每种病毒的结构式，就像现在写出酒精、甘油或糖的结构式一样轻而易举，这一切只是时间的问题。更令人惊讶的是，同种病毒粒子的大小竟然完全相同。

研究表明，病毒粒子在缺少培养基的环境中，会以普通晶体的形式进行规则排列。比如，"番茄丛矮"病毒会结晶成漂亮的菱形十二面体！这些晶体和长石、岩盐一样，可以作为标本保存在矿物学的标本柜里；但是只要它回到番茄植株上，就会变成一大群活的个体。

最近人类在用无机物合成生物体方面取得了重大进展，加利福尼亚大学病毒研究所的海因茨·弗伦克尔·康拉特和罗布利·威廉姆斯迈出了第一步。他们在研究烟草花叶病毒的过程中，将病毒粒子分成两部分没有生命但相当复杂的有机分子。人们已知这种长棒状的（如照片Ⅵ所示）病毒中间是由一簇长而直的组织物质分子（核糖核酸），外部缠绕着蛋白质分子，就像电磁铁上绕着铁芯的线圈。弗伦克尔·康拉特和威廉姆斯通过尝试各种试剂，成功地将核糖核酸和蛋白质分子完整分解出来。他们将核糖核酸的水溶液和蛋白质分子的溶液分别放置在两个试管当中，然后放在显微镜下进行观察，观察表明，试管中只含有分子，丝毫没有生命迹象。

但是，当他们将两种溶液混合在一起之后，核糖核酸分子开始以24个为一簇进行聚合，蛋白质分子自发缠绕在外侧，形成与实验开始时的病毒微粒一模一样的复制品。将重新组合的分子放在烟草植株的叶子上时，这些粒子仿佛没被拆分过一样，再次引发烟草植株的花叶病。当然，在此次实验中，试管中的两种化学成分均来自活体病毒。重要的是，生物化学家已经掌握了使用普通化学元素合成核糖核酸和蛋白质分子的方法。虽然目前（1960年）只能合成相对较短的分子，但是随着时间的推移，我们肯定能够编织出像病毒中那么长的分子。这样，人类就掌握了合成人造病毒的方法。

第四部分　宏观世界

第 10 章　不断拓展的视野

🖉 一、地球和它的邻居

分子、原子和原子核等微观世界的旅程到这里就告一段落了，接下来，我们开始新的探秘之路。是不是以为我们要研究正常大小的物体了？并不是哦，这一阶段我们将纵情放大视野，一起去感受一下太阳、恒星、遥远的星云和宇宙的边界等宏观世界。

在人类文明发展的早期，人们对宇宙知之甚少。在古人的眼里，我们生活的大地就像漂浮在海上的圆盘一样，地下

亚里士多德：古
希腊先哲，世界古代史
上伟大的哲学家、科
学家和教育家。前335
年，亚里士多德在雅典
创办吕克昂学校，被称
为逍遥学派。马克思
称亚里士多德是古希
腊哲学家中最博学的
人物。

是水，四周也是水，上面的天空中住着
各种神仙。当时所知道的全部陆地都处
于这个盘子上，包括地中海的海岸、与
它相邻的部分欧洲和部分非洲，以及亚
洲的一小部分。大地圆盘的最北面是耸
立的山脉，傍晚太阳落到大山后侧的海
面上休息。图104展示的就是古人眼
中的世界。直到前3世纪，著名的希腊
哲学家亚里士多德对世界的样貌提出了
全新的看法。

　　亚里士多德在《论天》中提出：我们生活的地球其实是
一个球体，上面分布着陆地和海洋，四周围绕着空气。他还
提出了很多论据来论证自己的观点。首先是船消失的顺序，
一条船如果一直向远离岸边的方向驶去，在岸上观察者的眼
中，最先消失的是船身，最后是桅杆，这证明海面是弯曲的，
而不是平的。同时，他还提出当地球的影子遮住月亮时，就
会出现月食，因为地球的影子是圆的，所以地球自身也一定

是圆的。虽然我们现在已经很熟悉这些论据，但在当时这种观点很难被人接受。因为人们无法想象地球另一端的人如何生活。如果地球是圆的，地球另一端的人头朝下怎么走路呢？那里的水难道会向天上流吗？（如图 105 所示）

图 104 古人眼中的世界

图 105　反对地球是球体的论点

那时候，人们还没有意识到物体会掉落是因为受到了地球的吸引力。对当时的人来说，"上"和"下"代表绝对的空间方向，任何位置的上下都一样。但实际上，这种方向都是相对的。对于地球另一端的人们来说，我们的"上"就会变成

"下"，我们的"下"就会变成"上"。人们无法接受这种观点，就像我们无法理解爱因斯坦的相对论一样。当时的人们认为所有物体都有向下运动的"自然趋势"，所以才会落到地面上，但是现在，我们已经知道物体下落是因为物体受到了地球的引力。在当时，如果你有去地球另一端冒险的想法，人们肯定会反对你："你会掉到天上去的。"看到了吗？新观点就是这么难以被人接受。直到15世纪末，也就是亚里士多德去世两千年左右的时候，人们还经常能在书中看见嘲笑大地是球体观点的图画：人头朝下站在地球底面。虽然哥伦布开始了寻找通往印度新航路的探索之旅，但是他也没有信心保证自己的计划是正确的。事实上，他也的确没有实现计划，因为他只到达了美洲大陆，并没有到达目的地印度。直到麦哲伦完成了环球旅行，人们才逐渐接受大地是球体的观点。

当人们意识到大地是一个巨大的球体之后，自然而然就会产生一个疑问：这个球体到底有多大呢？但是对于当时的人们来说，很难通过环球旅行进行测量，那该怎么办呢？

希腊著名的科学家埃拉托色尼在前3世纪提出一个方

法。他当时住在埃及的亚历山大港。在
亚历山大港以南 5000 斯塔迪姆远[①] 的
地方有一个叫作昔兰尼的城市，这座城
市位于埃及尼罗河上游，夏至那一天的
正午时分，太阳正好位于这座城市的上
方，所有直立物体的影子都会消失，但
是这样的情况绝对不会在亚历山大港
发生。同一时间，亚历山大港上空的太
阳与正上方成 7 度的夹角，相当于一个

> 尼罗河：一条流
> 经非洲东部与北部的
> 河流，自南向北注入地
> 中海。全长 6670 公里，
> 是世界上最长的河流。
> 尼罗河定期泛滥，在
> 苏丹北部通常 5 月开
> 始涨水，8 月达到最高
> 水位。

圆的五十分之一。这是将球形大地进行简化后的解释，如图
106 所示。事实上，由于地球是球形的，所以两座城市之间
的地面也是弯曲的，在昔兰尼是垂直向下照射的太阳光，在
亚历山大港会以一定的偏角向下照射。将阳光实化成实线以
后，再从中心向亚历山大港和昔兰尼分别作实线，那么这两
条穿越中心点的线的夹角就等于穿过亚历山大港的那条直线
和直射昔兰尼太阳光线的夹角。

---

① 长度单位。——译者注

因为该夹角是圆周的五十分之一，所以地球的圆周就等于两座城市之间距离的五十倍，也就是 250,000 斯塔迪姆，约等于 40,000 公里（1 斯塔迪姆约等于 1/10 英里），这个数值和我们今天计算出来的数值很接近。

事实上，这次测量是否准确并不重要，而是这次测量让人们第一次感受到地球之大，相应的地球表面积会更大，甚至比当时已知的所有陆地加起来的面积大得多得多。这难道是真的吗？那么已知边界外边又有些什么呢？

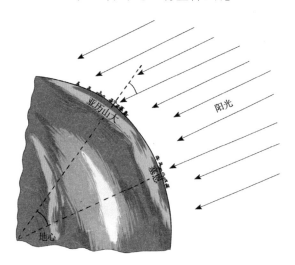

图 106

如果想要了解天文距离，首先要了解视差位移的概念，这个词听起来很吓人，但其实简单又实用。

穿针引线能够很好地帮助我们了解视差的含义。如果将一只眼睛闭上穿针线，我们会发现总是找不准针眼。这是因为我们无法通过单一的一只眼准确判断针和线的距离。但是如果两只眼睛都睁开，很容易可以完成这个动作，这是因为看物体的时候，双眼会自动聚焦，物体越近，两只眼珠的距离就越近，用于调整眼珠距离的肌肉会将感受传至大脑，判断出距离远近。

如果用两只眼睛分别观察针和远处窗户的距离，我们就会发现两者的远近不同，这就是"视差位移"效应。如果你没有注意过这个现象，现在就尝试一下吧，图107中展示的是左眼和右眼分别看到的针和窗户的效果。物体距离越远，视差位移越小，因此我们可以依据这种效应判断距离远近。眼球肌肉的感觉只能大概判断距离远近，而利用圆弧的角度可以精确地测量出视差位移。但是，由于双眼的距离有限（大概是三英寸），所以不适合测量过远的距离，当物体距离超过几英尺时，位移视差就小到难以感知了。所以只要将两眼的距离增加到足够远，就可以判断了，这时候我们就需要镜子的帮助了。

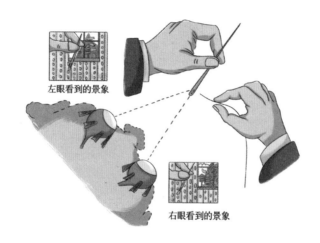

左眼看到的景象

右眼看到的景象

图 107

　　在雷达发明之前，海军使用一种类似的测距仪来收集军情，就是在眼睛位置放置一面镜子（A，A′），借助一根长筒，再在长筒两端各放一面镜子（B，B′），如图 108 所示。这样你的双眼距离就变成了 B，B′ 之间的距离，相应的光学基线变大，能测量的物体距离就更远。当然，就算能感受到距离原

因，也不能给出精确的结果，还是要依靠测距仪上的特殊的
部件和刻度盘精确地测量视差位移。

图 108

　　这样一来，就算敌船运动到地平线附近，这些海军测距
仪也能精准地测量出距离，但是在测量天体时，即使是最近
的月球，这种方式也不适用。如果需要观察月亮在远方恒星
背景下的视差位移，那么就需要几百英里长的两眼距离。但
是，我们也不需要同时在地球两端的城市进行观察，只需要
在这两个地方同时拍下月球在星空背景下的照片就行了（如

图 109 所示)。天文学家们在华盛顿和纽约两处观察到的月球视差位移是 1° 24′ 5″，计算得出月球与地球的距离为地球直径的 30.14 倍，也就是 384，403 公里（238，857 英里）。我们还可以得出月球的直径大约等于地球直径的四分之一，表面积大约是地球表面积的十六分之一，与非洲大陆的面积差不多。

图 109

地球与太阳的距离也可以借助这样的方法进行测量。距离越远，测量越困难，所以太阳与我们的距离很难测量到。科学家们测得的数据是 149，450，000 公里（92，870，000 英里），这个数字是地球与月球距离的 385 倍。实际上，太阳的直径是地球直径的 109 倍，但是因为距离太远，所以在我们看来，太阳的大小和月亮差不多。

我们假设太阳是南瓜，那么地球就是豌豆大小，月亮相当于罂粟种子，宏伟的纽约帝国大厦就相当于用显微镜能观察到的最小细菌。在古希腊时代，哲学家阿那克萨哥拉因为提出太阳是个跟整个希腊一样大的火球而受到放逐和死亡的威胁。

天文学家用这样的方法测量得到了很多其他行星的距离。其中距离地球最远的是 3，668，000，000 英里外的冥王星，这个距离是地球与太阳距离的 40 倍。

二、银河系

从行星到恒星，我们的视野越来越广阔，我们与它们的距离都可以用视差法进行测量。但是恒星与我们的距离太远了，即使测量最近的恒星，在地球上最远的两点（地球的两侧）上进行观测，视差偏移也不明显。我们就这样放弃吗？当然不是，我们既然可以通过地球的尺寸测出地球绕太阳公转的轨道大小，那么同样可以借助轨道测量我们到恒星的距离。如果我们从地球轨道的两端观测恒星，难道还不能观察到近地恒星的视差位移吗？但是这样的两次观测之间需要间隔半年的时间，不过只要能够测出距离，等待又算什么呢？

于是，德国天文学家贝塞尔[①]从1838年开始观察恒星的位置，半年之后他再次测量同一颗恒星的位置。但是他选择的恒星距离地球太远，所以就算以地球轨道的直径为光学基线，也没能得到明显的视差位移。贝塞尔选择的观察对象是

[①] 贝塞尔（Friedrich Wilhelm Bessel，1784—1846年），德国天文学家、数学家、天体测量学的奠基人之一。——译者注

天鹅座：北天星座之一，夏秋季节是观测的最佳时期，主要星的排列像一个大十字架，所以也称"北十字"。在古希腊，天鹅座的主星被描绘成一只天鹅。阿拉伯《一千零一夜》中，它被描绘成"大鹏鸟"。

天鹅星座的第 61 颗暗星，在天文目录上被列为"天鹅座"61，我们在图 110 中可以看出，恒星在半年的时间里，位置发生轻微偏移。

半年之后，这颗星又回到了它原来的位置。这就是借助视差计算距离。因此，贝塞尔被称为第一个拿着尺子度量太阳系外星空的人。

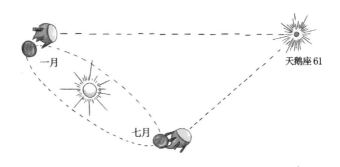

图 110

以地球轨道的直径为光学基线进行观察，天鹅座 61 的视差位移大约只有 0.6 角秒，这个角度和我们观察一个 500 英里以外的人时的视线角度相同。但是天文仪器作为精良的测距仪器,角度再小也可准确测量。根据视差和地球轨道直径,贝塞尔计算出恒星与太阳的距离为 103,000,000,000,000 公里,比地球到太阳距离的 690,000 倍远!这个数字大到难以想象。还记得我们之前做的太阳是南瓜,地球是豌豆的比喻吗?地球围绕太阳旋转的半径是 20 英尺,而距离那颗恒星足足有 3 万英里!

在天文学中,星球之间的距离都比较远,一般用光走完这段距离所需的时间来表示,光速是 300,000 公里 / 秒。光绕地球一周需要 1/7 秒,从月球到地球需要 1 秒多,从太阳到地球需要 8 分钟。而从距离我们最近的天鹅座 61 到地球,大约需要 11 年。假如天鹅座 61 上的光熄灭了,我们在 11 年之后,才能感受到熄灭之前的最后一束光,假如天鹅座 61 突然发生爆炸,我们也需要 11 年的时间才能感受到爆炸的闪光,得到有一颗恒星已经消失的信息。

贝塞尔通过测得的与天鹅座 61 的距离,计算出这个闪烁的小点实际上是一个光度只比太阳小 30% 的巨大发光体。

这是第一个能够直接支持哥白尼观点的证据：太阳只是一颗普通的恒星，在无限的宇宙空间中，还有无数彼此相距极远的恒星。

阿尔法星：半人马座中的聚星，是星座中最亮的部分。与昴宿星、织女星和阿克纳星一样，属于快速旋转的恒星。迄今为止，科学家未能确定半人马座阿尔法星上是否存在生命。

在贝塞尔之后，人们又测出了许多恒星的视差。人们还发现几颗比天鹅座61更近的恒星。距离我们4.3光年之外的半人马座中最亮的恒星阿尔法星，它的大小和光度与太阳类似，是目前为止人类发现的距离我们最近的恒星。大多数恒星都距离地球非常远，以地球轨道的直径作为测量距离的光学基线远远不够。

不同恒星的大小和光度有很大不同，有大小是太阳的400倍、光度是太阳的3600倍的参宿四（距我们300光年）之类的又大又亮的恒星，也有比地球还小（直径是地球的75%）、光度是太阳的1/10,000的范马南星（距我们13光年）之类的又暗又小的恒星。

接下来我们要考虑一个重要的问题：现在有多少恒星呢？人们普遍认为天上的星星是数不清的。但是，这一看法并不正确，至少肉眼可见的星星是能够数清的。南、北半球肉眼可见的星星的总数大约是 6000 到 7000 颗；但是我们只能观察到地平线上的星星，而且大气会大大降低恒星的亮度，所以在晴朗而没有月光的夜晚，通常肉眼可见的恒星数量只有 2000 颗左右。如果每秒钟数一颗星星，数清天上的星星大约需要半个小时！

但是，如果借助双筒望远镜，我们能多看到 5 万颗星星，如果使用 2.5 英寸的望远镜观察，还能再多看到 100 万颗星星。假如能够接触到美国威尔逊山天文台的那架著名的 100 英寸望远镜，那就能看到大约 5 亿颗恒星。如果天文学家们每秒钟数一颗星星，那么他们需要用一个世纪的时间，每天从黄昏工作到黎明才能完成这项任务！

威尔逊山天文台：位于美国加利福尼亚州帕萨迪纳附近的威尔逊山，1904 年在美国天文学家乔治·埃勒里·海耳的领导下，由卡耐基华盛顿研究所建立。佐治亚州立大学的高分辨率天文中心也在这里。

当然，并没有人真正一颗一颗数过。科学家选取了几个不同区域，计算区域内实际可见的星星数量的平均值，进而推算出整个天空的星星数量。

天文学家威廉·赫歇尔[1] 在一个多世纪前，用他自制的望远镜观测星空时，惊讶地发现，在夜空中横跨的那条带子（银河）内分布着很多恒星，而且正是我们人眼观察不到的那些恒星。正是因为这个发现，天文学家们才意识到银河并不是普通的星云，而是由无数遥远的恒星组成的，只不过距离太过遥远，我们肉眼无法识别罢了。

望远镜越来越强大，我们的视野也越来越广阔，观察到的恒星越来越多。但银河中恒星分布最密集的那片区域对于我们来说，依然很陌生。不过，我们要是因此而认为银河中的恒星比天空中其他区域的星星分布密集，那就大错特错了。银河相对于其他区域来说，延伸得更远，所以这部分的恒星看起来更多更密集。银河中的恒星能够一直延伸到视线

---

[1] 弗里德里希·威廉·赫歇尔（Friedrich Wilhelm Herschel, 1738—1822 年），英国天文学家，被誉为"恒星天文学之父"。——译者注

（在望远镜的帮助下）的尽头，而其他方向上，由于恒星没有延伸到视线尽头，我们看到的就是空旷的宇宙背景。

仰望银河，我们就像站在森林深处向外眺望，视线之内都是重叠交错的枝叶，而其他方向的星空，就像抬头张望，一下子能够看到空旷的蓝天。

我们可以发现天空中的群星实际上处于一个平坦的区域内，它们在这个平面上不断向外延伸，而垂直于平面的方向上，分布比较集中。而我们所处的太阳系，只是其中非常渺小的一颗。

随着天文学家们的研究，我们现在了解到：我们所处的银河系中大约包括 40,000,000,000 颗恒星，它们分布在一个直径约 100,000 光年、厚度约 5000 至 10,000 光年的透镜状区域内。人类曾经自负地认为自己是宇宙的中心，这个发现大大地冲垮了人类的自负，太阳实际上只是处于银河系的外缘。

在图 111 中，我们试图向读者展示这个星系的样子。还有，银河的科学名称为银河系（来自拉丁语）。真正的银河系是图画的 1 万亿亿倍，由于印刷的限制，图中展现的恒星也远不足 400 亿。

图 111　一位天文学家在观察缩小 7100,000,000,000,000,000 倍的银河系。天文学家的头部大概就是太阳所处的位置。

银河系中的众多恒星都有一个共同的特点：它们一直处于高速旋转状态，就像太阳系中的恒星一样。太阳是金星、地球、木星和其他行星近似圆周运动的中心，同样地，位于人马座方向上的银河系中心（银心）就是银河系各恒星绕行的中心。如果仔细观察朦胧的银河，我们会发现，越靠近银心，银河越宽阔，这意味着你看的正是透镜状、质量较厚的中心部分（在图 111 中我们的天文学家看的正是这个方向）。

　　因为厚重星际云团的遮挡，我们无法观察到银心的真实模样。当我们看到人马座区域内银河变厚的那个部分时[①]，就会发现银河分成两条"单行道"。但事实上，银河并没有分叉，这是因为太空中的星际尘埃和气体的黑云遮挡了我们的视线。这片黑色区域是不透明的黑云，而银河两边的黑暗区域是空旷的宇宙，这两者并不一样。而中间黑暗部分的几颗星星实际上位于我们与黑云之间，所以可以被观察到。（如图 112 所示）

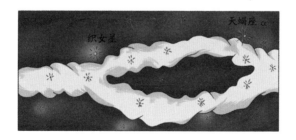

图 112　如果我们观察银河中心，会发现银河发生了分叉。

---

① 最好的观察时间是初夏的晴朗夜晚。——作者注

不过，我们没有办法观察到神秘的银心和其中的数十亿恒星，这真是一件令人遗憾的事情。但是我们可以根据银河系外的其他星系推测它们的样子。太阳系内所有的行星都受太阳控制，但是银心并不是一颗主宰本星系所有天体的超级恒星。对其他星系核心区域的研究表明，星系中心包含大量恒星，而且中心的恒星密度远大于外侧。如果说行星系是个以太阳为主宰的专制国家，那么银河系就像一个民主国家，一些星星占据中心位置，其他的星星位于社会的边缘。

哥白尼（1473—1543年）：文艺复兴时期的波兰天文学家、数学家、神父，40岁时提出日心说，改变了人们的宇宙观。他的《天体运行论》是当代天文学的起点，也是现代科学的起点。

我们如何证明包括太阳在内的所有恒星都围绕银河系中心旋转呢？它们的旋转轨道半径有多大呢？旋转周期是多少呢？

几十年前，荷兰天文学家奥尔特[①]给出了回答。他在观察银河系时借用了哥白尼探究太阳系的方法。

---

① 奥尔特（Jan Hendrik Oort，1900—1992年），荷兰天文学家，最早提出银河系自转学说。——译者注

在哥白尼之前，古代的巴比伦人、埃及人发现土星和木星这种大行星的运行方式很奇特。它们会先沿着椭圆轨道运行，然后突然停下来，反向运动，然后掉转方向，继续沿着原来的方向前进。在图 113 的下半部分描绘的就是土星在大约两年时间内的运行路线（土星绕太阳运动一周大约需要 29.5 年）。在宗教的影响下，人们认为地球是宇宙的中心，也是其他行星和太阳运动的中心。我们只有假设行星沿着形状奇特的轨道运行，才能解释这种观点。

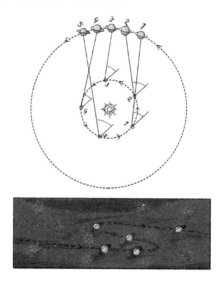

图 113

哥白尼跳出世俗的约束，突破性地提出：太阳才是地球和其他行星运动的中心。图113上半部分就是在解释这种观点。

太阳位于行星运动的中心，小球体地球的运动半径较小，带着光环的土星的运动半径较大。数字1、2、3、4、5分别代表一年中，地球和土星的相对位置，土星的运动周期比地球长。在地球与相对地球静止的恒星之间做连线，线段之间平行，再用直线连接地球与土星，两条线段之间的夹角先增加后减小，再增加。我们可以得出土星运动方式奇特的原因：我们在地球上观察土星的角度发生了变化。

图114描绘的是奥尔特的银河系旋转观点。图片下半部分的乌云代表银河中心，中心四周围绕着很多恒星，外侧三个圈代表不同恒星的运行轨道，中间一圈是太阳的运行轨道。

我们用光线表示接下来要研究的八颗恒星。以太阳为参照，八颗恒星中有三颗恒星位于外侧轨道，两颗同轨道，三颗位于内侧轨道。根据万有引力定律（详见第5章），我们可知轨道半径越大，运动速度越低，所以箭头长短代表速度快慢。

图 114

那么从太阳上和从地球上观测有什么不同呢？我们在这里要借助"多普勒效应"对沿着视线方向运动的恒星进行观察。对于太阳和地球上的观察者来说，与太阳同轨道的恒星（标记为 D 和 E）始终处于相对静止状态。位于内侧同轨道的恒星（B 和 G）也是如此，它们的运动与太阳平行，在视线方向分速度为 0。

但是外侧的恒星 A 和 C 因为速度小于太阳，所以 A 位于太阳后侧，太阳与 A 之间的距离会增大；C 位于太阳前侧，所以它们之间的距离会变小，最终太阳超过 C；A 发出的光会产生多普勒的红移效应，C 发出的光产生蓝（紫）移效应。而 F 会产生蓝（紫）移效应，H 显示出红移效应。

假如引起上述现象的原因只是恒星的圆周运动，那么我们还能推算出轨道的半径和恒星运动的速度。奥尔特通过观察各个恒星的可视运动证明了多普勒红移和蓝（紫）移效应，也证明了银河系的旋转方式。

银河系的旋转会造成恒星垂直于视线方向的速度发生变化，奥尔特等人虽然观察到了这种影响，但是很难精确测量。

我们利用奥尔特效应精确地测量出以人马座为中心的太阳轨道半径是 30,000 光年，这个距离是银河系最外层轨道半径的三分之二。太阳绕银河系中心的运转周期大约是 2 亿年。我们这个恒星系已经存在了大约 50 亿年了，所以太阳已经转了大约 20 圈了。我们把与地球年相对应的太阳旋转周期称为"太阳年"，那么我们的宇宙有 20 岁了。在这个缓慢的恒星世界，我们用太阳年测量宇宙历史再合适不过了。

三、迈向未知的边界

　　银河系并不是宇宙中唯一的星系。人们在望远镜的帮助下，发现了许多与太阳系相似的巨大恒星群。仙女座星云是距离我们最近的星群。虽然可以观察到，但在我们眼中，星云又小又长又昏暗。照片 ⅦA 和 B 是用威尔逊山天文台大型望远镜拍摄到的后发座星云的侧面图，和大熊座星云的正面图。就像银河系呈现特殊的镜片状，这两个星云也具有特殊的旋涡结构，所以我们称之为"旋涡星云"。有很多迹象显示银河系也具有旋涡结构，只不过我们身处其中，很难完全确定它的形状。我们所处的太阳系很可能位于"银河大星云"某条旋臂的末端。

> **仙女座：** 天球上最大的星座之一，面积为 722 平方度，是满月大小的 1400 倍。在希腊神话中，仙女座象征被拴在岩石上等待海怪吞噬的女神安德洛墨达。仙女座在北半球秋季夜晚最易观赏。

　　很久以来，天文学家们都认为旋涡星云是普通的弥漫星云，就像猎户座的弥漫星云，只是飘浮在银河系内恒星之间的星际尘埃的大片云团，并没有联想到它们是类似于银河系的恒星系统。后来人们发现，这些雾蒙蒙的旋涡状物体根本不是雾，在最高倍数的望远镜观察下，可以观察到组成迷雾的大量恒星。只不过它们离得实在太远了，无法借助视差测量它们的实际距离。

　　由此看来，我们无法再测量天体的距离，但是事实上，困难是暂时的，人们总会想出办法突破原有极限。为了解决测量天体距离的问题，哈佛大学天文学家哈罗·沙普利[1]发现了一把新的测距尺子：脉动星或者说是造父变星[2]。

　　夜空中的星星数不胜数，大多数星星都在默默发光，但是有一些星星的亮度呈现周期性变换。这些星星的脉动就像心脏一样富有韵律，亮度也随律动由暗变亮，又由亮变暗，周

---

[1] 美国天文学家，美国科学院院士。主要从事球状星团和造父变星研究。提出了太阳系位于银河系边缘，而不是中心的观点。——译者注
[2] 人们在仙王座的B星上首次发现这种脉动现象，并因此命名。——译者注

期变换。[①] 就像钟摆越长，摆动时间越长一样，恒星越大，它
的脉动周期就越长。一般较小的恒星，周期是几个小时，而
大恒星的周期可以达到很多年。而且恒星越大亮度越大，所
以恒星的脉动周期与平均亮度之间存在明显联系。有的造
父变星距离我们很近，所以可以直接测量它们的距离和实际
亮度。

如果无法通过视差测量某一颗脉动恒星的距离，那么
我们可以通过测量这颗恒星的脉动周期，计算出它的实际亮
度，再与视亮度进行比较，推算出实际距离。沙普利成功测
量出了银河系内极远的距离，而且这个方法对于我们估算银
河系的大小有很大帮助。

沙普利在利用这个方法测量仙女座星云中几个脉动恒
星的距离时，得到了一个令人震惊的结果。这几颗恒星与
地球的距离，也就是仙女座星云和地球之间的距离足足有
1,700,000 光年，这个数据比我们估测的银河系的直径还要

① 这种脉动恒星与蚀变星不同，蚀变星的亮度变化是两个恒星互相围绕对方转动
并发生周期性掩蚀造成的。——作者注

大得多。于是我们发现，仙女座星云的大小只比银河系稍小一点。前面照片中那两个旋涡星云和直径与仙女座星云直径差不多，但是距离我们更远。

这一发现彻底推翻了"旋涡星云是位于我们银河系内的'小天体'"的假设，并且确认了旋涡星云是独立星系。对于围绕仙女座星云内数十亿颗恒星中某一颗恒星旋转的行星上的观察者来说，他们眼中的银河系，就像我们眼中的仙女座星云一样。

以哈勃博士[①]为首的天文学家发现了许多非常有趣而重要的事实，很大程度上推进了人类对于遥远星系的研究。首先，人类借助强大的望远镜观测可以观察到很多肉眼无法观察到的星系，这些星系多种多样，而不单单是旋涡状的。球状星系像边界模糊的圆盘；椭球状星系的长扁各不相同，就算同是旋涡状星系，"缠绕的紧密程度"也有差异，还有奇怪的"棒旋星系"。

----

① 爱德文·鲍威尔·哈勃（Edwin Powell Hubble，1889—1953年），威尔逊山天文台著名天文学家，研究现代宇宙理论最著名的人物之一，星系天文学之父。——译者注

有一件十分重要的事情：所有观测到的星系都可以按形状规则排列（如图 115 所示），这可能代表巨大星系的演化阶段。

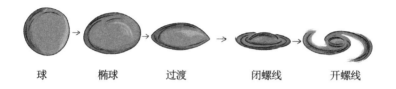

球　　　　椭球　　　　过渡　　　　闭螺线　　　　开螺线

图 115　星系正常演化的不同阶段

虽然我们并不清楚星系演化的细节，但星系演化很可能是收缩导致的。我们都知道，缓慢旋转的球状气团稳定收缩，会导致旋转速度越来越快，气团逐渐变成扁平的椭圆体。当气团收缩成的椭球体到极半径与赤道半径之比等于 7/10 时，气团会呈透镜状，在赤道上出现清晰的棱。随着气团的收缩，气团继续保持透镜形状，但气团会沿着旋转的赤道边缘向四周散逸，在赤道平面形成一层薄薄的气雾。

天文学家詹姆斯·金斯爵士[1] 采用数学方式证明了旋转

① 詹姆斯·霍普伍德·金斯（James Hopwood Jeans，1877—1946），英国数学家、物理学家。——译者注

气团的演化过程，同时这个过程也会发生在巨大的恒星云上。事实上，如果将数十亿个恒星组成的星系当作气团考虑，单个恒星就相当于其中的分子。

将金斯的理论计算和哈勃经验主义的星系进行分类对比，我们可以发现恒星群的演变过程与理论推理过程完全相符。尤其是，我们发现了最扁平的椭圆星系的极半径与赤道之比恰好是 7：10（E7），这时星系赤道上开始出现棱边。演化后期发展成的旋涡星云似乎是快速旋转过程中喷射出的物质形成的，但到目前为止，我们仍无法确定旋涡的形成原因与形成过程，也无法解释为什么会出现不同的旋臂和棒形旋臂。

星系的结构、运动和组成部分还需要很长时间的研究。几年前，威尔逊山天文台的天文学家巴德[1] 提出了一个很有趣的观点。他认为旋涡星云中心的恒星类似于球状星系和椭球状星系，而旋臂是一种不同的恒星群。旋臂与中心不同的

---

[1] 沃尔特·巴德（Walter Baade, 1893—1960），德国天文学家，提出了两类星族的概念，将两类造父变星进行准确区分，对宇宙距离的尺度进行修正。——译者注

地方在于，旋臂恒星群拥有炽热而明亮的恒星"蓝巨星"。我们在第十一章会介绍蓝巨星，这很可能是最近形成的恒星，所以我们推测新恒星群来自悬臂。想象一下，处于收缩中的椭球星系不断向外喷射物质，喷出的气体在寒冷的星际空间凝结成团，随着收缩形成炽热而明亮的恒星。

在第十一章，我们会详细介绍恒星的诞生与演化，现在我们需要考虑的是宇宙中星系的分布情况。

我们首先要介绍一下基于脉动恒星测量距离的方法，虽然我们已经研究出很多测量近距离恒星的方法，但这些不适用于远距离测量。因为当距离很远时，星系就像一团微小细长的星云，即使最强大的望远镜也无法帮助我们区分出单个恒星。这时，我们只能根据观察到的星系大小判断距离；不过，与恒星不同，同一类型的星系大小相似。如果世界上所有人的身高都一样，那就可以通过看到的大小判断距离。

哈勃博士使用这种方法估计遥远星系的距离，结果证明在视线（包括最高倍的望远镜）范围内，太空中的星系大体均匀分布。星系经常聚团，有的星系团可能包括数千个星系，就像银河系中有很多恒星一样，所以我们只能说大体均匀分布。

我们所处的银河系属于一个相对较小的星系群，这个星系群包括三个旋涡星系（包括银河系和仙女座星云）、六个椭球状星系和四个不规则星云（其中两个是大、小麦哲伦星云）。

通过帕洛玛山天文台的 200 英寸望远镜观察显示，这些星系均匀地分布在 10 亿光年的空间中，只偶尔会发生聚集。两个相邻星系之间的平均距离约为 5, 000, 000 光年，而宇宙的可见视域包含了数十亿个独立的恒星星系！

之前我们将帝国大厦比作细菌，地球比作豌豆，太阳比作南瓜，现在我们可以说众多星系就是分布在木星轨道范围内的数十亿个南瓜，而且在直径略小于太阳与最近恒星距离内的球星区域内还有很多南瓜。的确，我们很难找到一个形容宇宙的比例尺，即使将地球比作豌豆，也无法表示出宇宙

之大。我们试图在图 116 中展现出科学家们从地球到月球，
到太阳，到恒星，到遥远的星系的宇宙探索过程。

现在，我们再思考一下宇宙大小这个问题。随着科技的
进步，我们总是能借助更先进的望远镜不断发现新的宇宙领
域，那是不是说明宇宙无限？或者反过来说，宇宙总是有限
的，因为我们早晚有一天会观测到最后一颗星星。

当然，我们所说的宇宙有限，并不是指宇宙的边缘存在
着一堵墙，上面写着"禁止通过"。

我们在第三章中提过，有限的空间不一定存在边界，自
我弯曲闭合也可以形成有限的空间。也许某一位探险者会驾
驶着空间飞船不断向前开进，结果最后回到了出发点。

这就像古希腊一位探险家的探险之旅，他从雅典向西出
发，结果经过长途跋涉回到了雅典的东门。

我们无须环游世界，只要在地球上选择一小部分进行测
量就可以得到地球表面的曲率。同样，我们也可以借助望远

镜的视域进行测量。在第五章中，我们已经看到曲率有正、负两种，正曲率对应体积有限的闭合空间，一定距离内的均匀散布的物体，其数量的增长慢于该距离的立方，负曲率对应马鞍状、无限的开放空间，物体数量增长快于距离的立方（如图 42 所示）。

图 116 宇宙探索里程碑，以光年作为距离单位

宇宙中，"均匀散布的物体"指的就是各个独立星系，所以只要计算不同距离内单个星系的数量就可以解决宇宙曲率的问题。

哈勃博士进行计算后发现，星系的数量比距离的三次方增长得稍慢一点，这意味着我们的宇宙是个曲率为正的空间。但是，哈勃观察到的这种效果很不明显，只有借助威尔逊山那架 100 英寸望远镜，才能在视线尽头才看到一些征兆，就算利用帕洛玛山上那架新的 200 英寸反射式望远镜进行观测，也无法得到明确的答案。

到目前为止，我们仍然无法确定宇宙是否有限，其中原因之一是我们只能根据星系的视亮度（依据平方反比定律）来判断测量遥远星系的距离。在计算中，我们假设星系的平均光度相同，这忽略了单个星系年龄对亮度的影响，所以结果误差很大。千万别忘了，事实上，天文学家们利用帕洛玛山望远镜观察到的最远星系距离我们 10 亿光年，这意味着我们接收到的光是它们在 10 亿年前发出的。如果星系亮度会随着时间的流逝逐渐变暗（这可能是因为单个恒星熄灭导致恒星群体成员数减少），所以在进行计算时，要进行纠正。即使 10 亿年只是总年龄的七分之一，星系光度发生的改变很小，也足以推翻宇宙有限的结论。

　　所以，如果我们想要确定宇宙是有限的还是无限的，还有很长的路要走。

第 11 章 创世的时代

一、行星的诞生

对于我们这些生活在七大洲（包括南极洲上的考察站）的人来说，"实地"意味着稳定和永久。我们所熟悉的陆地、海洋、山川、河湖这些地貌自天地出来之时就已经存在了，而且根据历史地质学的数据，我们可以知道大地在不断地变化，海水淹没陆地，海底露出水面。

而我们熟悉的雨水冲刷山脉，地壳挤压出山脉，都是地球固体外壳的变化造成的。

　　不难看出，地球在某一段时间内只是一个岩浆组成的熔岩球体，并未形成一个坚固的壳体。事实也正是如此，研究表明，地球主体仍处于熔融状态，而我们经常提及的大地，只是漂浮在熔岩表面的一层薄壳而已。验证这个观点最简单的方法就是测量地球内部温度，研究得到：测量深度每增加 1 公里，温度上升 30℃（或每下降 1000 英尺，温度上升 16 ℉）。南非的鲁宾生地金矿是世界上最深的矿井，在那里，四周的墙壁滚烫，所以不得不安装上空调设备，以防止矿工被烤死。

　　按照这样的增温速度，距地表 50 公里的地下温度就能使得岩石熔化（岩石的熔点大约是 1200℃ 到 1800℃），这时的深度还不到地球半径的 1%，所以在下面的占据地球 97% 以上的物质肯定完全处于熔化状态。

　　很显然，地球不可能一直处于这样的状态，实际上，地球正在从完全熔融状态走向固化球体状态，而我们正处于这个演变中的某一个阶段。根据地球冷却和地壳凝固速度进行推算，我们发现，这种冷却从几十亿年前就开始了。

按照地壳内岩石年龄推算，我们也能得到相同的结果。乍看之下，岩石似乎是永恒的，所以我们说"安如磐石"；事实上，有些岩石本身就是天然的时钟，有经验的地质学家可以推算出岩石演化的时间。

微量的铀和钍都是显示岩石年龄的天然时钟，它们常常出现在不同深度的岩石当中。在第七章中我们提过：这些元素的原子持续且缓慢地进行放射性衰变，最终变成稳定的铅。

对于含有放射性元素的岩石，只要测试岩石中衰变形成的铅含量，就可以判断岩石的年龄。

如果岩石一直处于熔融状态，扩散和对流作用会将放射性衰变产生的物质送到别处。但如果岩石凝成固体，那么放射性元素形成的铅就会不断积累，根据含量就能推算出岩石凝固时间。如果敌舰在太平洋两座岛上停留，那么间谍就可以根据棕榈林中啤酒罐的数量，推算出敌舰停留的时间，在每座岛上停留了多久。

　　到目前位置，人们已经可以精确地测量出岩石中铅同位素和其他不稳定化学同位素（如铷 87 和钾 40）的衰变产物的积累含量。人们凭借这项最先进的技术推算出地球上最早的岩石出现在 45 亿年前。所以地壳大约已经存在了 50 亿年。

　　想象一下，50 亿年前，处于完全熔融状态的地球，四周围绕着一层厚厚的大气层，大气层的主要成分是水蒸气和空气，可能还有其他的挥发性物质。

　　那么原始的地球是怎么产生的呢？为什么会产生呢？原始物质来自哪里呢？千百年来，这些涉及地球以及其他太阳系行星起源的宇宙进化论（宇宙起源）基本课题，一直困扰着天文学家们。

　　法国博物学家乔治·布丰伯爵是首先尝试以科学角度分析问题的科学家。1749 年，他在《自然史》中提出"太阳和来自宇宙深处的彗星相撞形成行星系统"，还将自己脑海中想象的画面绘制出来：彗星掠过太阳表面时，从太阳身上撞下一小团物质，物质在冲撞力作用下旋转着飞入太空（如图117a所示）。

　　几十年后，科学界就出现了另外一种完全不同的观点：太阳系完全来自太阳，而与其他天体无关。德国哲学家伊曼努尔·康德认为太阳早期是个围绕地轴缓慢旋转的大型低温气团，大小基本等同于整个太阳系，气体携带的热量通过热辐射作用到四周，气体逐渐冷却，导致球体收缩，旋转加速，在不断增大的离心力作用

> 康　德（1724—1804年）：德国哲学家、作家，德国古典哲学创始人，其学说对近代西方哲学产生了深远的影响。康德是启蒙运动时期最后一位主要哲学家，被认为是继苏格拉底、柏拉图和亚里士多德之后，西方最具影响力的思想家之一。

下太阳越来越扁，最终它喷出的气体沿着隆起的赤道形成气态环（如图117b所示）。普拉多曾做过一个经典的旋转物质形成圆环演示实验：将一大滴油（太阳是气体，实验采用非气体）悬置在另一种密度相同的液体内部，借助机器使得油滴高速旋转，当到达某一旋转速度后，油滴周围开始形成圆环。康德认为，一段时间后，这些气体环会发生破裂，凝聚成沿不

同轨道旋转的行星。

　　法国数学家皮埃尔－西蒙·拉普拉斯侯爵在康德理论的
基础上继续研究，并在 1796 年将自己的见解发表在《对世界
系统的解释》中[①]。虽然拉普拉斯是一位数学家，但是他没有
采用数学方法对这个问题进行解析，而只是进行了一些通俗
的定性讨论。

图 117 宇宙进化论的两个学派

────────────

① 皮埃尔－西蒙·拉普拉斯侯爵（Pierre-Simon marquis de Laplace，1749—
1827 年），法国著名的天文学家和数学家，天体力学的主要奠基人、天体演化学的
创立者之一，分析概率论的创始人，应用数学的先驱。

　　六十年后，英国物理学家麦克斯韦[1]在使用数学方法进行分析时发现，康德和拉普拉斯的宇宙学之间存在着无法破解的矛盾。太阳系中原本均匀分布的物质的密度太小，根本无法在引力的作用下聚集成行星。如果这样的话，这些物质就会像土星的光环一样，一直保持着围绕太阳旋转的光环状态。土星的光环是由无数小颗粒组成的，它们一直围绕土星运动，却完全没有凝聚成固体卫星的倾向。

　　只有一种假设能解决这种难题，那就是太阳一开始产生的气态环包括比现在行星多得多的物质（至少是 100 倍），这些物质大部分重新坠回太阳，只有 1% 的物质留下来形成了现在的各个行星。

　　但是，这样的假设会产生一个新的矛盾。当大量物质以行星旋转速度返回太阳时，会导致太阳旋转加速，角速度至少为现在的 5000 倍，太阳自转变为每小时转 7 圈，而实际上，太阳每转 1 圈大约需要 4 个星期。

―――――――　　――――――――

① 詹姆斯·克拉克·麦克斯韦（James Clerk Maxwell，1831—1879 年），英国物理学家、数学家。经典电动力学的创始人，统计物理学的奠基人之一。——译者注

　　上面的分析基本上推翻了康德－拉普拉斯理论，所以天文学家们开始转移研究方向。美国科学家张伯林和莫尔顿以及著名英国科学家金斯的研究，将人们的注意力重新聚集在布丰的碰撞学说上。当然，科学家们根据后来的研究成果，对布丰的观点进行了修正。人们认为与太阳相撞的是一颗大小、质量和太阳差不多的恒星，原因是彗星质量甚至远远小于月球质量。

　　但是这种观点同样令人难以理解。为什么两颗恒星相撞，太阳抛出的物质会沿圆形的轨道运行，而不是更细长的椭圆轨道？

　　要解释这个问题，人们只能假设太阳四周包裹着均匀气体，受到撞击后，气体迫使飞出的物质沿圆形轨道运行。只不过至今为止，人们都没有在行星所在区域内发现这种物质，所以推论这些物质已经消失，只剩下黄道附近微弱的黄道光。康德－拉普拉斯的"原始气体层假说"和"布丰的碰撞假说"的融合学说仍然无法圆满解释太阳系起源问题。俗话说，"两害相权取其轻"，所以人们在科学论文、教科书和流行文学中仍在使用碰撞假说（包括本书作者的《太阳的生与死》和《地球自传》两本书）。

直到 1943 年秋天，行星的起源探究才有了新的突破点。年轻的德国物理学家魏茨泽克根据最新的天体物理学研究资料解决了康德 – 拉普拉斯假说的矛盾点，而且提出沿着这个方向，将可以建立起详细的行星起源论，解释许多原本并未涉及的行星系统重要特点。

魏茨泽克解决难题的关键是过去几十年天体物理学家对于宇宙化学成分组成的研究。过去，人们认为太阳与其他恒星的化学元素比例和地球类似。组成地球的主要元素是氧（以各种氧化物的形式）、硅、铁和少量其他更重的元素。而氢和氦（以及氖、氩等稀有气体）较少。[1]

由于缺乏更好的证据，天文学家只好假设这些稀有气体在太阳和其他恒星上也很少见。丹麦天体物理学家斯特龙

---

[1] 水占了地球表面的四分之三，而氢和氧是水的组成元素，但相对于地球总质量而言，水的总质量微乎其微。——作者注

根仔细研究过恒星理论结构后发现组成太阳的物质中至少有35％是纯氢，随后又将占比提高到50％以上，同时发现纯氦在太阳其他成分中的占比也很高。物理学家们通过对太阳内部的理论研究（史瓦西著作中发表的观点代表这个领域的巅峰），和对太阳表面的光谱分析，得出结论：地球的常见元素只占太阳质量的1％，剩余质量由氢和氦平分，氢含量略高于氦。其他恒星情况与太阳类似。

宇宙并不是空旷的，其中充满了气体和尘埃混合物，平均密度为每1,000,000立方英里1毫克，这些弥漫的物质与太阳等恒星类似。

宇宙弥漫物质密度很小，但确实存在。遥远的恒星发出的光需要跨过几十万光年的距离才能到达我们的视野，在穿梭过程中，光会被这些物质选择性吸收，我们可以根据"星空吸收线"的强度和位置推算出弥漫物质的密度，并证明它们的组成。事实上，"地球物质"的小颗粒（直径约0.001毫米），质量占比不到1％。

　　再看魏茨泽克理论的基本思想，我们可以说：宇宙中物质的化学成分的新知识有力支撑了康德－拉普拉斯假说。如果包裹太阳的原始气体如上所述，那么飞散出来的小部分地球元素，由于质量较大凝聚成行星，其他氢气和氦气可能坠回太阳，也可能分散到四周。如果这些气体返回太阳，会导致太阳旋转加速，所以这些物质只能分散到宇宙当中。

　　于是我们可以想象一个画面：太阳刚刚凝结而成时，其中很大一部分（目前各个行星总质量的 100 倍）形成太阳周围巨大的旋转包层（凝聚成原始太阳的恒星际气体，各部分旋转状态不同）。包层由不凝的气体（氢、氦和少量其他气体）和各种组成地球物质（如铁的氧化物、硅的化合物、水汽和冰晶）的微粒组成，微粒被包裹在气体内旋转。微粒之间不断碰撞、聚集，逐渐形成大团的"地球"物质，也就是各个行星。图 118 展示的是微粒以陨石速度发生撞击的过程。

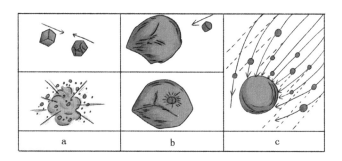

图 118

　　我们根据逻辑进行推理，如果两个质量相同的微粒高速碰撞，两个微粒都会粉碎（如图 118a 所示），微粒会越来越小，而如果两个质量相差悬殊的微粒碰撞（如图 118b 所示），小微粒会变成大微粒的一部分，形成质量更大的新物体。后期，大物体的万有引力会吸附微粒，加速凝聚过程（如图 118c 所示）。

　　魏茨泽克证明了原来分布在整个行星空间中的微粒会逐渐凝聚，并在几亿年内，形成行星。

　　大小不同的物质一边围绕太阳旋转，一边撞击凝聚，撞击产生的热量导致新物体不断升温。当撞击停止，行星的增长也就停止了。行星通过热辐射向四周散发热量，外层加速冷却，固体外壳形成，并且随着行星内部的冷却，地壳逐渐增厚。

各行星与太阳的距离都符合一条特殊定律：各行星的轨道半径约等于前一颗行星轨道半径的 2 倍，这就是提丢斯 - 彼得定律。那么这种定律又和行星起源有什么关系呢？

我们在下表中列出了太阳系九大行星和小行星带距太阳的距离，小行星带是由无数微粒组成的，并不是一个凝聚的整体，所以忽略不计。经观察，我们可以发现它们运行轨道间的 2 倍关系。

行星名称	与太阳的距离（以日地距离为单位）	各行星与太阳的距离和前一行星与太阳的距离之比
水星	0.387	
金星	0.723	1.86
地球	1.000	1.38
火星	1.524	1.52
小行星带	大约 2.7	1.77
木星	5.203	1.92
土星	9.539	1.83
天王星	19.191	2.001
海王星	30.07	1.56
冥王星	39.52	1.31

更有趣的是，单个行星的卫星也符合上述规律，下表列出了土星九颗卫星的相对距离来证明。

卫星名称	距离（以土星半径为单位）	相邻两颗卫星距离之比（由远到近）
土卫一	3.11	
土卫二	3.99	1.28
土卫三	4.94	1.24
土卫四	6.33	1.28
土卫五	8.84	1.39
土卫六	20.48	2.31
土卫七	24.82	1.21
土卫八	59.68	2.40
土卫九	216.8	3.63

和行星一样，卫星中也有特殊情况，尤其是土卫九，但是我们不能否认它们基本符合上述规律。

为什么太阳周围的云团一开始没有凝聚成一颗大行星，反而凝聚成几个规律性分布的大团块呢？

如果想要回答这个疑问，我们必须仔细研究原始尘埃云中发生的运动。首先，无论物质大小，都会在牛顿的万有引力定律作用下围绕太阳沿椭圆形轨道运动。形成星际物质的尘粒尺寸大概是 0.0001 厘米，近 10^{45} 个粒子会沿着不同椭圆形轨道运行，它们在运动时难免发生碰撞，这样的碰撞使得运动趋于有序。事实上，微粒碰撞一是导致"违规行驶"者粉身碎骨，二是迫使它们"绕道"，走到宽阔的道路上。那么导致有序的原因是什么呢？

要想研究原因，我们可以选择一组以相同旋转周期绕太阳旋转的粒子。这些粒子有的沿圆形轨道运动，有的沿椭圆轨道运动（如图 119a 所示）。我们借助一个绕太阳公转周期与这些微粒相同的坐标系（X，Y）为参照，描述这些粒子运动。

首先，以上设坐标系为参照，那么沿圆形轨道运动的粒子 A 静止在点 A′处。沿椭圆轨道运行的粒子 B 离太阳近时角速度大，离太阳远时角速度小，所以它有时位于坐标轴前面，有时会落后。而它的运行轨迹呈现出一个豆子形状，在图 119 以 B′标记。沿更扁椭圆运动的粒子 C 以 C′标记，豆状轨迹更大。

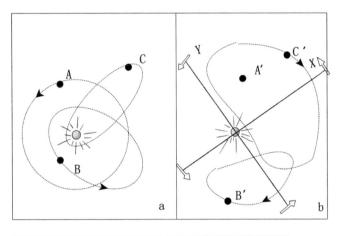

图 119 a.静止坐标系运动轨迹　　b.旋转坐标系上运动轨迹

如果粒子不发生碰撞，那么以匀速旋转的坐标系（X，Y）为参照的运动轨迹必然不相交。

因为公转周期相同的微粒和太阳的平均距离相同，所以在旋转坐标系下的轨迹，是一串围绕太阳的豆子项链。

想要理解上面的分析并不容易，我们需要知道距离太阳平均距离相同的粒子（旋转周期相同）怎样才能不发生碰撞。假如围绕太阳运动的微粒平均距离不同，那么会出现很多串豆子项链以不同的速度运动的情况，那就更复杂了。因此，魏茨泽克认为想要保持系统稳定，每个项链至少需要包含五个独立的旋涡系统，那么运动轨迹就会变成图 120 的样子。这样每个环内的运行都是安全的，但是由于环的旋转速度不同，所以在环相遇的地方可能发生碰撞。边界粒子碰撞形成聚合体越来越大，而每条环逐渐变细，边界物质最终形成行星。

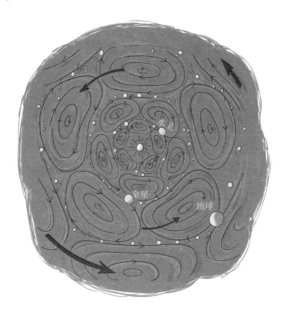

图 120 原始太阳包层中微尘的路线

　　上文简单解释了行星轨道呈现 2 倍关系的疑问。实际上，我们观察图 120，可以发现相邻项链之间连续边界线的半径形成了一个简单的几何级数，每条边界的半径都等于上一条的 2 倍。那么，为什么还会出现行星带这种意外呢？这是因为原始尘埃云内的微粒运动并没有遵循某一规律，而是表现出了一种运动趋势。

　　太阳系中围绕行星运动的卫星也符合这种规律，这表示卫星的形成过程类似。包裹原始太阳的尘埃云分散成独立的微粒群，每个微粒群也在进行相似的运动：大部分微粒聚集成行星，周围的微粒在旋转的过程中，逐渐凝聚成多个卫星。

　　我们只介绍了微粒的碰撞与聚集，但原始太阳包层中，气体占据了 99% 的质量，那么气体部分发生了什么变化呢？

　　其实很简单。这些气体飘散到了宇宙中。我们计算出气体消散大约需要 100,000,000 年时间，这个时间与行星系形成时间基本相同。所以在行星形成的过程中，包围太阳的氢和氦气体不断向太阳系外逃逸，现在只剩下黄道光这一小部分。

魏茨泽克得出结论：太阳系的形成是一个普遍规律，几乎每个恒星都会经历类似的过程。而碰撞理论认为行星形成是一个偶然事件。事实上，按照碰撞理论进行计算的结果，恒星碰撞的可能性非常低。在银河系存在的数十亿年里，其中的 40,000,000,000 颗恒星之间，可能只发生过几次碰撞。

如果真的如魏茨泽克所说每一颗恒星都会形成自己的行星系，那么仅在银河系中，就有数百万颗行星与地球环境类似的行星。那么这些星球上没有发展出生命，可真是太奇怪了。我们在第九章已经介绍过了，像病毒这种最简单的生命，只是由碳、氢、氧和氮原子组成的复杂分子。任何行星表面都必然大量存在这些元素，所以我们确定，在坚硬的地壳形成，大气中的水蒸气凝结降落形成水源之后，必需的原子以特定顺序偶然组合起来，早晚会形成特殊的生命分子。由于活分子结构复杂，所以需要极其偶然的机会，就像只拿着盒子摇晃就能够将拼图复原一样。但是有足够多的原子在充裕的时间中不断进行撞击，这种偶然出现的机会似乎不那么渺茫了。所以地壳形成不久，地球上就出现了生命，这意味着几亿年就可能意外形成复杂的有机分子。当最简单的生命出现后，有机繁殖和进化会演化出更复杂的生命[1]。我们现在还不知道别的"可居住"星球上，是不是存在类似的生命演化。研究不同世界的生命对研究生命进化具有重要意义。

也许将来的某一天，我们有机会乘坐"核动力宇宙飞船"前往火星和金星（太阳系中最"适于居住的"行星），研究那里的生命。但是我们可能永远无法得知，在距离地球几百、几千光年以外的恒星上，是否存在生命，又存在哪些形式的生命。

✐ 二、恒星的私生活

介绍完恒星孕育行星的过程之后，我们继续将目光聚集到恒星本身上来。

---

[1] 详细的地球生命起源和进化解析可以参考本书作者编写的《地球自传》。——作者注

恒星的一生是什么样子？恒星是怎么诞生的呢？它在一生中会发生怎样的变化呢？最终又会走向何处呢？

想要了解恒星，我们可以从太阳入手，它是银河系数十亿颗恒星中比较典型的一颗。根据"考古"分析，太阳已经以同样的亮度燃烧了几十亿年了，地球上所有的生命都依赖太阳生存。任何常规能源都无法这么长时间不断地向外输出能量，所以太阳辐射的来源一直是科学界无法破解的难题，直到人们发现了元素的放射性嬗变和人工嬗变，才认识到隐藏在原子核深处的巨大能源。我们在第七章介绍到几乎任何元素都能充当炼金术燃料，如果将温度增加到数百万摄氏度，这些隐藏在原子内部的能量很可能被释放出来。

实验室几乎不可能提供这样的温度条件，但是在恒星中，这种温度很常见。比如太阳表面的温度可以达到6000℃，内部温度越来越高，中心可以达到2000万摄氏度。根据太阳表面温度和组成太阳气体的导热系数，经过简单的计算，就可以得到中心温度。利用这样的方法，我们不切开土豆，就可以通过土豆的表皮温度和导热系数，算出其内部温度。

　　知道了太阳中心温度和各种核嬗变反应速率，我们就能推算出太阳能量的来源。核物理学家贝特和魏茨泽克同时发现了"碳循环"核反应过程。

　　太阳的能量主要来自热核反应过程，这不是一个单一核转化，而是一系列相互联系的核嬗变过程组成的反应链。其中最有趣的特点是，这条闭合循环链，每走六步都会返回原点。图 121 是太阳反应链示意图，其中的主要参与者是碳和氮的原子核，以及和它们碰撞的热质子。

　　比如说，反应的起点是普通碳（C^{12}），它与质子碰撞，形成氮的轻同位素（N^{13}），同时亚原子能以 γ 射线的形式释放。核物理学家很熟悉这个反应过程，而且已经在实验室中借助人工加速高能质子实现了同样的反应过程。N^{13} 的原子核不稳定，它会自己释放出 1 个正电子（带正电的 β 粒子），形成稳定的碳重同位素（C^{13}），这种元素少量存在于普通的煤中。接下来 C^{13} 与热质子碰撞形成普通的氮（N^{14}），同时产生 γ 辐射。然后这个 N^{14} 的原子核与另 1 个热质子发生碰撞，形成不稳定的氧同位素（O^{15}），随后释放 1 个正电子而迅

速变成稳定的 N^{15}。最后，N^{15} 原子核与第四个质子发成碰撞，形成 C^{12} 核（就是我们假设的起点）和氦核（也就是 α 粒子）。

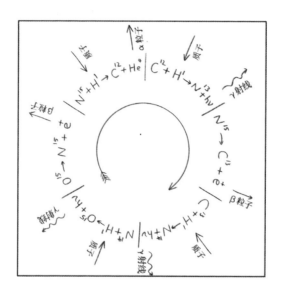

图 121　太阳能量是由这种循环的核反应键产生的。

在循环反应链中，碳和氮的原子核相当于催化剂，一直再生，4 个质子经过反应形成 1 个氦核。所以整个反应可以简化为：氢在高温诱导下，经碳和氮的催化，转化为氦。

贝特证明该反应链在 2000 万摄氏度下释放的能量恰好

等于太阳辐射的能量，而其他反应都不符合这样的要求，因此我们可以得出：太阳的能量主要来自碳－氮循环反应。请注意，在太阳的内部温度下，完成一个反应周期需要 500 万年的时间。等到循环完成，最初参与反应的碳（或氮）核又会重新出现。

人们曾经认为太阳的能量来自煤，现在我们可以肯定这种说法，只不过煤并不是燃料，而是浴火重生的凤凰。

太阳产生能量的反应速率主要取决于太阳中心温度和密度，但是氢、碳和氮的含量也会影响反应速度。这意味着，我们通过调整参与反应物的浓度，使实验释放的光与太阳光度一致，来推算太阳气体的组成。德国天文学家卡尔·史瓦西用这种方法测量出太阳气体中一半以上是纯氢，纯氦含量略小于一半，其他元素只占很小一部分。

可以借鉴太阳的能量来源，对其他恒星展开分析：不同质量的恒星，中心温度不同，产生能量的反应速率也不同。例如，波江座 O_2C 恒星的质量大约是太阳的 1/5，所以它的光亮只有太阳的 1%。大犬座 α（天狼星）质量是太阳的 2.5 倍，亮度是太阳的 40 倍。天鹅座 Y380 质量大约是太阳的 40 倍，亮度是太阳的几十万倍。从这些例子中，我们得出结论：恒星质量越大，中心温度越高，"碳循环"反应的速率越快，所以光度越高。按照这条"主序恒星"序列，我们发现，恒星质量越大，恒星半径越大（波江座 O_2C 的半径是太阳的 0.43 倍，天鹅座 Y380 的半径是太阳的 29 倍），但是密度会减少（波江座 O_2C 的密度是 2.5，太阳是 1.4，天鹅座 Y 380 是 0.002）。图 122 列出了一些恒星数据。

"正常"的恒星半径、密度和光度均与质量有关，但是还有一些例外。比如"红巨星"和"超巨星"，这些恒星的质量与相同亮度的恒星质量差不多，但尺寸要大得多。图 123 中列示了这种异常恒星，其中包括御夫座 α、飞马座 β、金牛座 α、猎户座 α、武仙座 α 和御夫座 ε。

御夫座：北天星座之一，处于银河系边缘。御夫在古希腊神话中是火神之子，其养母为女神雅典娜。雅典娜教他驯马术，使他成为第一个能用四马御车者。

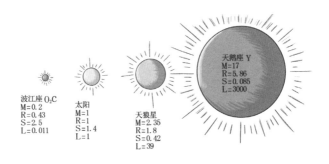

图 122　主序星的恒星

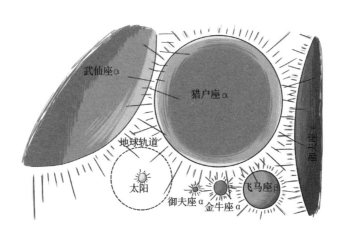

图 123　巨星和超巨星与地球半径的对比

　　这些恒星是因为受到某些内部力，密度才远远小于其他正常恒星，只不过我们现在还无法解释这种作用力。

　　还有一种与"肿胀"的恒星相比，尺寸非常小的恒星，叫作"白矮星"[①]，图 124 中展示了白矮星与地球的相对尺寸。这颗"天狼星的伴星"的质量与太阳相似，但是直径只有地球的 3 倍大，这意味着它的密度能够达到水密度的 50 万倍。毋庸置疑，白矮星内部的氢燃料已经耗尽，已经进入了恒星演化晚期。

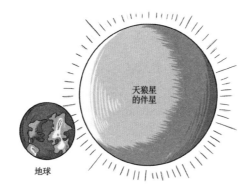

图 124　白矮星与地球对比

[①] "红巨星"和"白矮星"的名字来源于它们的表面亮度。密度极小的恒星释放能量的表面积大，所以它们的表面温度相对较低，在光谱上呈现红色。高密度的恒星表面温度极高，呈现白热状态。——作者注

　　我们已经知道恒星的生命来源于氢缓慢转化成氦的核嬗变反应。弥散在星际中的物质凝结成年轻恒星，氢占据了50％以上的质量，那么恒星的寿命一定很长。因此，根据太阳的光度算出太阳每秒钟需要消耗6亿6千万吨氢气。已知太阳的质量$2×10^{27}$吨，氢质量大约为$1×10^{27}$吨，那么太阳至少能够存在$15×10^{18}$秒，也就是500亿年。太阳现在只有三四十亿岁[①]，相对于恒星来说还很年轻，还能够继续燃烧几十亿年。

　　我们已知质量越大，光度越强，这意味着恒星消耗氢的速率越高。天狼星的质量是太阳的2.3倍，因此氢质量也是太阳的2.3倍，但是它的光度是太阳的39倍。所以在相同时间内，天狼星消耗的氢是太阳的39倍，所以天狼星的燃料只够燃烧30亿年。光度更强的天鹅座Y质量是太阳的17倍，亮度是太阳的30,000倍，不到1年，星球上的燃料就会用尽。

---

① 根据魏茨泽克的理论，太阳形成时间与行星系基本相同，我们估算的地球年龄大约是三四十亿岁，所以太阳年龄也差不多。——作者注

当某颗恒星上的氢燃耗尽，它又会走向何处呢？

核聚变产生的能量使恒星保持现状，燃料用尽之后，恒星开始收缩，密度会越来越大。

人们观察到宇宙中存在着大量"萎缩恒星"，它们的平均密度是水的几十万倍。极高的表面温度使这些恒星发出明亮的白光，明显区别于主序星发出的黄光或红光。但是这些恒星的体积很小，所以光度只有太阳的几千分之一。在天文学领域，这种恒星已经处于演化的末期，天文学家们将它们命名为"白矮星"，矮既指大小，又指光度。随着时间的流逝，白矮星的光度越来越低，最终变成"黑矮星"，正常天文学观测手段无法观察到这种寒冷物质。

但是，燃料耗尽的恒星的萎缩和衰败并不是平稳运行的。在最后阶段，它们经常会发生强烈爆炸，仿佛在进行最后的抗争。

这些新星和超新星爆炸，是恒星领域最引人注目的课题之一。一颗普通的恒星会在几天之内光度迅速增加，变为原来的几十万倍，温度急剧升高。亮度增加导致光谱发生变化，对光谱变化的研究表明，星体正在迅速膨胀，外层的膨胀速度是每秒 2000 公里左右。但是这种膨胀是暂时的，到达某一极限之后，恒星趋于稳定。通常一年时间，爆炸恒星的亮度就会恢复正常，但是恒星辐射变化会持续很长一段时间。虽然恒星亮度恢复正常，但是其他性质却不一定。恒星的一部分大气，尤其是经历爆炸膨胀的那部分大气，将会继续向外运动，在恒星外部形成一个越来越大的气层。目前，我们只有一张模糊的新星（御夫座新星，1918 年）爆炸前的照片，所以无法判断它在爆炸前的表面温度和半径，更不清楚爆炸给它带来哪些影响。

通过研究超新星爆炸，我们能对恒星爆炸带来的影响有更清晰的认识。在银河系中，这种大爆炸几个世纪才会发生一次（每年大约发生 40 次普通的新星爆发），超新星的光度是普通新星的几十万倍。爆发的超新星亮度最大时，相当于整个恒星系统发出的光。人们已经观察到的银河系中超新星，有丹麦天文学家第谷·布拉赫在 1572 年的白天观察到的那颗星，中国天文学家在 1054 年记载下来的客星，可能还包括伯利恒之星。

> 客星：天空中新出现的星的统称，主要是指新星、超新星和彗星，偶尔也包括流星、极光等其他天象。这类天体像"客人"一样，流寓于天空常见星辰之间。

1885 年，人们在邻近的仙女座大星云中观察到第一颗银河系外超新星，它的光度是该星系中所有其他新星的 1000 倍。虽然这样的剧烈爆炸很少见，但是人类还是发现了这两种爆发的重大差别，并在超新星研究中取得重大进展，这都要归功于巴德和兹威基。

超新星爆炸与普通新星的爆炸的光度差别很大，但也有很多相似之处。两种爆炸的光度变化曲线图形状基本一致，只是比例尺有差别。两种爆炸都会使恒星外层形成迅速膨胀的气体外壳，只不过超新星的外壳质量占比较大。事实上，新星的气体壳会越来越薄，很快扩散到四周，而超新星爆炸释放的气体会在爆炸波及的区域形成发光星云。比如，1054 年产生的"蟹状星云"，就出现在超新星爆炸的地方，所以它肯定是爆炸产生的（见照片Ⅷ）。

我们还找到了超新星爆炸留下的残骸。据观察，蟹状星云的正中心有一颗昏暗的星，我们根据它表现出来的特征推论出这是一颗密度非常大的白矮星。

以上证据表明，超新星爆炸的物理过程与普通新星类似，只不过规模要大得多。

在接受新星和超新星的"坍缩理论"之前，我们思考一下：恒星为什么会急速收缩？目前的普遍说法是：高温气体组成的恒星，依靠内部的高压保持现状。恒星向外散发的能量不断由"碳循环"反应产生的能量补充，使恒星处于平衡状态，几乎不发生变化。当氢耗尽，能量枯竭，恒星就会收缩，将重力势能转化为辐射。只不过恒星物质的导热率很低，中心的热量传到表面需要很长时间，所以引力收缩过程十分缓慢。太阳收缩成半径只有现在一半的球体至少需要1千万年。一旦超过这个收缩率，就会释放多余的引力势能，导致恒星内部温度和气压上升，减缓收缩过程。这意味着只有将收缩过程中产生的能量移走，才能加快恒星的收缩过程。当恒星物质的传导率提高数十亿倍，收缩速率会提高同样的倍数，恒星坍缩只需要几天时间。但是研究表明，恒星物质的传导率完全取决于其本身的密度和温度，很难将传导率提升几十倍，更不用说几十亿倍了，所以这种方法不可行。

最近，本书作者和他的同事沈伯格博士提出：恒星内部生成大量中微子是恒星坍缩的真正原因。第七章中已经介绍过这些微小的核粒子。中微子能够轻易地穿透整个恒星，所以我们可以说它是转移收缩恒星中多余能量的理想介质。但是我们无法确定收缩恒星的炽热内部能否产生中微子。

各种元素的原子核在捕获高速电子时，会释放中微子。高速电子进入原子核的瞬间，原子核会向外释放 1 个高能中微子，原子核的原子量不变，但因为电子的增加而变得不稳定，新形成的原子核存在很短的时间就会发生衰变，释放出 1 个电子和 1 个中微子，然后继续重复这个过程，释放出新的中微子……（如图 125 所示）。

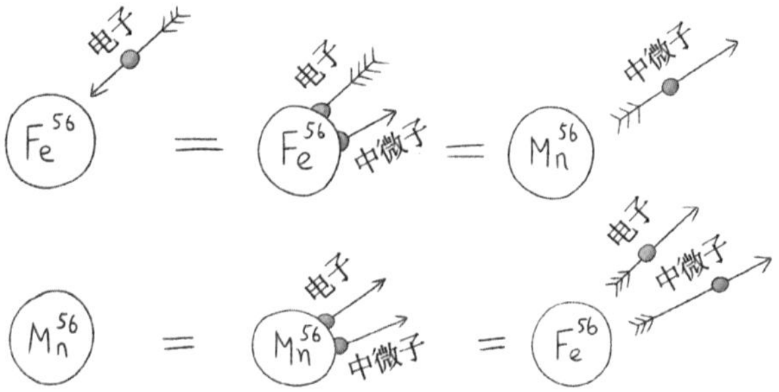

图 125　铁原子核中的尤卡过程可无休止地形成中微子。

　　如果温度和密度能够达到收缩的恒星内部的状态,那么中微子就能带走足够多的能量。比如,铁原子在捕获、释放原子这个过程中,产生的中微子每秒钟能够带走 10^{11} 尔格的能量。而如果是氧原子(所产生的不稳定产物是放射性氮,衰变周期为 9 秒),恒星每克物质每秒可损失 10^{17} 尔格。氧原子带走能量的速度如此之快,所以在 25 分钟之内,恒星就会完全坍缩。

　　所以说,恒星坍缩的原因很可能是收缩恒星的炽热中心区域开始产生中微子辐射。

　　虽然我们能估算出中微子带走能量的速率，但是坍缩过程中还有很多难以解决的数学难题，所以我们只能对这些事情做出定性解释。

　　不难想象，随着恒星内部气压下降，构成星体的物质就会因为重力作用开始向内坍缩。但是因为恒星的旋转运动，坍缩并不均匀，处于两极的物质（接近转轴的物质）首先塌陷，赤道位置的物质被推到外侧（如图 126 所示）。

图 126　超新星爆炸的早期和晚期

这个过程会将原本隐藏在恒星内部的物质推出，导致恒星表面温度急速上升，亮度上升。继续坍缩会导致坍缩物质在中心凝聚成一颗致密的白矮星，而被挤出的物质会逐渐冷却，并继续向外膨胀，形成蟹状星云那样的星云状物。

三、原始的混沌和膨胀的宇宙

当我们考虑宇宙这个整体时，就会产生一个疑问：宇宙是否在变化？过去、现在和将来的宇宙一样吗？或者说，现在的宇宙是否正处于演变的某一阶段？

经过调查分析，我们得到了肯定的答案：宇宙正处于不断变化之中，宇宙的过去、现在和未来各不相同。科学研究显示，宇宙经过不断演化，从原始状态发展到了今天。通过前面的描述，我们已经知道我们的行星系大约存在几十亿年了。包括月球也已经形成几十亿年了。

除此之外，我们在天空中观察到的绝大多数恒星都存在了几十亿年。但是对恒星运动的研究显示，特别是双星、三星甚至是银河星团这种复杂的恒星系统，最多存在几十亿年。

我们还有一个全新的分析角度，那就是宇宙中的各种化学元素，尤其是钍和铀这种逐渐衰变的放射性元素。宇宙中存在的放射性元素可能有两种来源：一是由其他较轻元素的原子核转化而来；二是自然界产物的残留。

核嬗变过程否认了第一种可能。因为最热的恒星内部，也无法为"炮制"出重放射性原子核提供需要的高温。恒星内部的温度能够达到几千万摄氏度，但是较轻元素的原子核"炮制"出放射性原子核需要几十亿摄氏度的高温。

所以，宇宙在演变的过程中出现过一个高温时期，所有的物质都处于异常的高温高压环境中。

钍和铀 238 的半衰期分别是 180 亿年和 45 亿年，到目前为止，它们没有发生大量衰变，因此存在数量约等于其他稳定的重元素。这个数据表明元素最早形成于几十亿年之前。铀 235 的半衰期大约是 5 亿年，现在的存量是铀 238 的 1/140。

这意味着每隔 5 亿年铀 235 的数量就会减少一半，要减少为原来的 1/140，至少需要 7 个周期，也就是 35 亿年〔因为 $(\frac{1}{2})^7 = \frac{1}{128}$〕。

对化学元素年龄的单纯核物理计算结果，恰好与天文学领域获得的行星、恒星和恒星群年龄数值一致！

几十亿年前，万物都已经形成，那时候的宇宙是什么样子的呢？又是怎么演变成今天的样子的呢？

宇宙膨胀：一种天文学假说。长期的科学研究及天文观测发现，整个宇宙处于不断膨胀的状态中。在拥护这一观点的科学家看来，星系彼此之间的分离运动也属于膨胀的一部分。

研究"宇宙膨胀"现象，我们就能得到一个满意的答案。银河系只是宇宙中无数星系中的一个，而太阳又只是银河系众多恒星中的一颗。在我们的视线范围之内（200 英寸的望远镜的视线），这些星系均匀分散在天空中。

威尔逊山的天文学家哈勃发现来自远距离星系的光谱

线存在向光谱红端移动的现象，而且星系越远，"红移"越明显。事实上，这种"红移"大小与距离成正比。

根据"多普勒效应"，我们可以认为这些星系都在远离我们，而且离开速度随距离增加而增加。"多普勒效应"认为：当光源向观察者靠近时，光会向光谱的蓝（紫）端移动；反之，光的颜色会向红端移动。不过，当相对速度足够大时，才能观察到明显的谱线移动。伍德教授曾经在巴尔的摩因为闯红灯被捕，他告诉法官，由于"多普勒效应"，所以他看到的交通灯是绿色的。这当然是假的。假如法官有足够的物理知识，他就能知道将红灯看成绿灯需要多大的速度，然后以超速处罚伍德。

如果假设正确，那么所有的星系都在远离银河系，这是为什么呢？我们所处的银河系难道是弗兰肯斯坦[①]的银河怪物吗！其实答案很简单，并不是因为银河系有什么特殊之处，而是所有的星系都在互相远离。就像绘制在气球上的圆

[①] 弗兰肯斯坦是小说《科学怪人》中的主角，他将不同死尸的各部分拼成一个巨大人体，拼成的人被称为"弗兰肯斯坦的怪物"。——译者注

点（如图 127 所示）。当我们向气球内充气，气球表面就会膨胀，位于表面的圆点之间的距离就会越来越大，这样一来，每个圆点都会觉得其他圆点在逃离它。而且，逃离的速度与它们彼此之间的距离成正比。

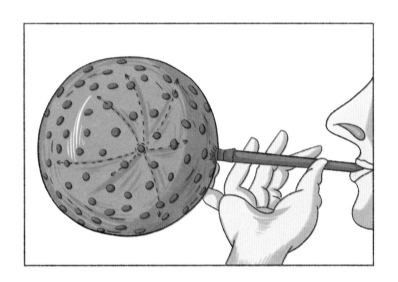

图 127 当气球膨胀时，上面的点就会彼此远离。

这个例子与哈勃望远镜观测到的星系后退现象一致，这说明"逃离"与银河系的属性、位置都无关，这仅仅是因为宇宙在均匀地膨胀。

我们可以根据观测到的膨胀速度和相邻星系之间目前的距离推算出膨胀已经进行了 50 多亿年了 ①。

星系逃离的上一阶段是恒星云（现在的各个星系）形成恒星；更早阶段是宇宙中充满连续分布的热气体，这个阶段气体浓密、温度特别高，各种化学元素（尤其是放射性元素）形成。再向前追溯，那时的宇宙物质还是超密、超热的核流体（第七章中提到）。

接下来，我们把前面的分析，按照宇宙演变的顺序排列。

在宇宙的胚胎阶段，我们现在借助威尔逊山望远镜（观测半径为 5 亿光年）观察到的一切物质都还挤在半径只有 8

① 哈勃测得两个相邻星系之间的平均距离约为 170 万光年（1.6×10^{19} 公里），后退速度约为每秒 300 公里。假设星系均匀膨胀，计算得出时间：$\frac{1.6\times10^{19}}{300}$ =5×10^{16}（秒）=1.8×10^{9}（年）。最新数据显示，时间应该更长。——作者注

个太阳半径的球体内[1]。但是，这种状态很快就被宇宙膨胀打破，快速膨胀在最初的两秒钟内就会使宇宙的密度降为水密度的 100 万倍，等到几个小时以后，宇宙就降到了与水相同的密度。这时候，连续的气体被分解成独立的气体球，也就是现在的各个恒星。在接下来的膨胀中，这些恒星分裂成不同的恒星云，也就是现在的各个星系，星系直到现在还在继续彼此远离，退向未知的宇宙深处。

　　我们现在思考一下：宇宙膨胀是怎么造成的？这种膨胀会持续到什么时候？膨胀有一天是否会变为收缩？宇宙是否有一天会挤压成原本的样子？

　　根据目前的科学信息推断，这种情况不会发生。在宇宙演化的早期，宇宙在膨胀过程中破坏了维系的纽带，现在它正在惯性的作用下无限膨胀。我们所说的纽带就是引力，宇宙物质因为受到引力不至于四处分散。

---

① 由于核流体的密度为 10^{14} 克 / 立方厘米，目前空间物质的平均密度为 10^{-30} 克 / 立方厘米，计算得到宇宙的线收缩率等于 $\sqrt[3]{\dfrac{10^{14}}{10^{-30}}} \approx 5 \times 10^{14}$。因此，现在的 5×10^{8} 光年的距离换算到当时，也就是 $\dfrac{5 \times 10^{8}}{5 \times 10^{14}} = 10^{-6}$（光年）= 10,000,000（公里）。——作者注。

我们将用火箭的例子介绍引力。假设我们打算将一枚火箭发射到太空中，我们知道，即使是 V2 火箭，也不具备飞向太空的动力；在引力的作用下，上升中的火箭总是会落回地面。但是，当火箭初始速度能够达到每秒 11 公里时，它就可以摆脱地球的束缚冲向太空，然后在无阻力的情况下自由运动。每秒 11 公里的速度通常被称为克服地球重力的"逃逸速度"。

> V2 火箭：一种全新的远程武器，是纳粹德国在第二次世界大战中研制的第一枚大型火箭导弹，也是世界上最早投入实战使用的弹道导弹。V2 火箭是第一种超声速火箭，是现代航天运载火箭和远程导弹的先驱。

我们假设有一颗炮弹在半空中发生爆炸，碎片飞向四面八方（如图 128a 所示）。这是因为爆炸产生的推力超过了炮弹凝聚在一起的引力，所以碎片才会飞散。当然，碎片之间的引力小到可以忽略不计，所以它不会影响碎片在空气中的运动。但是，如果引力足够强，就能阻止碎片的分散，让碎片重新坠向它们的引力中心（如图 128b 所示）。动能和重力势能的相对大小将决定碎片的飞散方向。

图 128

　　将碎片换成星系，我们就能得到宇宙膨胀的画面。不过，星系的质量很大，除了动能，它们的引力势能也不能忽略①。所以我们想要了解宇宙膨胀的演化方向，必须仔细研究这两个物理量之间的关系。

　　现有资料显示，正在相互远离的星系的动能比它们之间的引力势能大好几倍，所以宇宙会一直膨胀，不会因为引力作用而凝聚在一起。但是，我们现在所了解的关于整体宇宙

————————————————

① 运动物体的动能与本身质量成正比，粒子之间的引力势能与质量的平方成正比。——作者注

的数据并不精确，在今后的研究中，很有可能彻底推翻现有结论。不过，就算宇宙停止膨胀，开始收缩，那也要等到几十亿年之后才会发生黑人圣歌中的场景："当星星开始坠落"，人类被坍缩的星系压得粉身碎骨。

> 黑人圣歌：又称"黑人圣诗"，创作者是早期的黑奴。他们终日在种植园里劳作，没有受过正规的音乐训练，甚至连简单的英文单词也无法完整拼写，但他们创作的圣歌在西方文学艺术史中占有独特地位。

那么是什么爆炸赋予了宇宙碎片这么强大的飞散能量？说出来你可能要失望了："爆炸"并不是我们所理解的意思。宇宙的膨胀起源于一个特殊的历史阶段（当然，这段历史并没有被记录下来），当时，宇宙从无限大缩小到非常致密的状态，然后重新展开，就像被压缩的物质天然具有强大的弹力。假如我们走进运动馆，正好看到有一个乒乓球从地板上弹到高空，那么不用思考，你就知道这个乒乓球肯定是从差不多的高度落下，所以才会在弹力作用下重回高空。

现在请你大胆想象一下，在宇宙收缩的演化阶段，宇宙每件事的发生顺序是否正好与现在相反。

　　如果你在 80 亿年或 100 亿年前读这本书，是不是从最后一页开始，一直读到第一页？当时的人们是不是将嘴里的炸鸡拿出来，在厨房赋予它生命，然后把它送回农场，看着它从大鸡长成小鸡，最后爬进蛋壳，变成鸡蛋？这些有趣的问题并不能够作为科学问题进行解答，因为所有事情都会被宇宙压缩阶段的高压抹除，那是一个所有的物质都被挤压成均匀核流体的时期。

照片 I　175,000,000 倍下观察到的六甲基苯分子

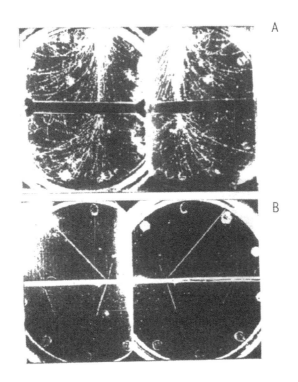

照片 II

　　A. 始于云室外壁和中央铅片的宇宙射线簇射。形成簇射的正、负电子在磁场的作用下向相反的方向偏转。

　　B. 宇宙射线粒子在中央隔片上所产生的核衰变。

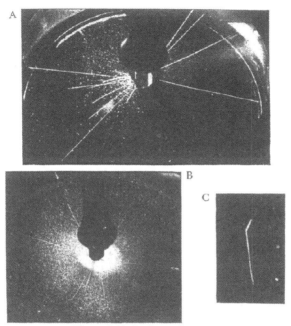

(Photographed by Drs. Dee and Feather in Cambridge.)

照片Ⅲ　人工加速粒子引起的原子核嬗变

A. 快氘核撞击云室中重氢气体中的另一个氘核，生成一个氚核和一个普通氢核（$_1D^2 + _1D^2 \rightarrow _1T^3 + _1H^1$）。

B. 快质子撞击硼原子核，原子核被撞成三个相等的部分（$_5B^{11} + _1H^1 = 3_2He^4$）。

C. 一个看不见的中子从左边射出，氮原子核在撞击下分裂成一个硼核（向上的轨迹）和一个氦核（向下的轨迹）。（$_7N^{14} + _0n^1 \rightarrow _5B^{11} + _2He^4$）。

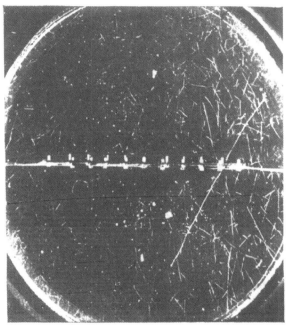

(Photographed by T. K. Bøggild, K. T. Brostrøm, and Tom
Lauritsen at the Institute of Theoretical Physics in Copenhagen.)

照片 Ⅳ　铀原子核裂变的云室照片。

　　一个中子（在图片中当然是看不到的）击中了放置在横跨这个云室中的一层
薄铀上的一个铀核。这两条轨迹对应于两块裂变碎片，每块碎片的能量约为 100
兆电子伏。

照片 V

　　A 及 B 是黑腹果蝇唾液腺染色体的显微照片, 显示出倒位和相互易位现象。

　　C 是雌性黑腹果蝇幼虫的显微照片。X 表示并排的一对 X 染色体; 2L 和 2R 是第二对染色体的左、右端; 3L 和 3R 是第三对染色体; 4 是第四对染色体。

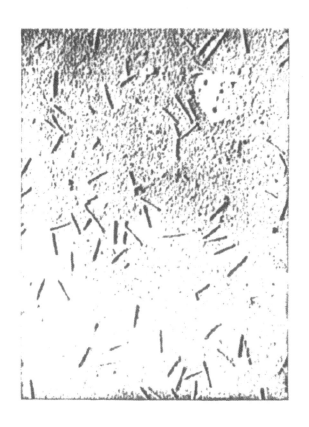

照片 Ⅵ

这是活的分子？在电子显微镜下放大 34，800 倍拍摄的烟草花叶病毒粒子。

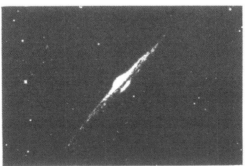

(Mt. Wilson Observatory photographs.)

照片 Ⅶ

上图为大熊座的旋涡星云, 是一个遥远的宇宙岛(正面图)。

上图为后发星座中的旋涡星云, 是另一个遥远的宇宙岛(侧面图)。

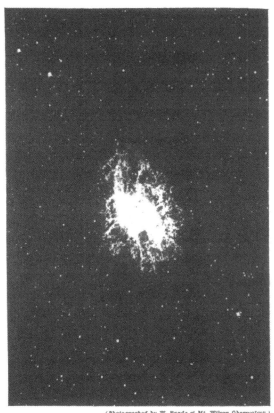

(Photographed by W. Baade at Mt. Wilson Observatory.)

照片 Ⅷ

蟹状星云。1054 年，中国天文学家在这个地方观测到一颗超新星喷发出的不断膨胀的气体包层。